Und sie sprechen doch

Wie Pferde täglich mit uns kommunizieren

Daniela Bolze & Christiane Slawik

Haftungsausschluss:

Die Autorin, der Verlag und andere an diesem Buch beteiligte Personen lehnen für Unfälle oder Schäden jeder Art, die aus den in diesem Buch dargestellten Ratschlägen und Ansichten entstehen können, jegliche Haftung ab.

Sicherheitshinweis:

In diesem Buch sind Reiter abgebildet, die ohne splittersicheren Kopfschutz reiten. Dies ist nicht zur Nachahmung empfohlen und birgt ein hohes Verletzungsrisiko!
Achten Sie im Umgang mit Pferden und beim Reiten immer auf entsprechende Sicherheitsausrüstung:
feste Schuhe und Handschuhe bei der Bodenarbeit sowie Reithelm, Reitschuhe, Reithandschuhe und Sicherheitsweste beim Reiten.

Impressum

Copyright © 2012 by Cadmos Verlag, Schwarzenbek
Gestaltung und Satz: Howedesign, Kristin Howe
Titelfoto: Christiane Slawik
Fotos im Innenteil: Christiane Slawik,
sofern nicht anders angegeben
Lektorat: Simone Weil
Druck: Westermann Druck, Zwickau

Deutsche Nationalbibliothek – CIP-Einheitsaufnahme
Die Deutsche Nationalbibliothek verzeichnet diese Publikation in der Deutschen Nationalbibliografie; detaillierte bibliografische Daten sind im Internet über
http://dnb.ddb.de abrufbar.

Printed in Germany

ISBN 978-3-8404-1023-9

Und sie sprechen doch

Wie Pferde täglich mit uns kommunizieren

Inhalt

Inhalt

Für meine Fjordstute Mali – mit dir fing alles an. You made my life!   (Foto: Karen Diehn)

Vorwort

In der heutigen Reiterwelt gibt es unzählige Abhandlungen über die Einwirkung des Reiters auf sein Pferd, in denen erörtert wird, in welcher Form die reiterlichen Hilfen gegeben werden müssen, um das Pferd zu der gewünschten Reaktion zu bewegen. Im Vergleich dazu existieren leider nur wenige Schriften, die sich mit den Signalen beschäftigen, die das Pferd permanent an seine Umwelt, seine Artgenossen und auch an seinen Menschen aussendet.

Mit dem vorliegenden Werk sind Daniela Bolze und Christiane Slawik noch einen Schritt weitergegangen. Sie helfen dem ambitionierten Pferdehalter, die Signale seines Pferdes zu erkennen und richtig zu deuten, und zwar nicht nur am Boden, sondern auch beim Reiten.

Viele Schwierigkeiten lassen sich durch genaues Beobachten des Pferdes bereits im Ansatz erkennen. Kopfschlagen, Schweifschlagen und hektisches Kauen müssen eben nicht zwangsläufig Widersetzlichkeit bedeuten, sondern haben oftmals ihre Ursache in der Sattelpassform, in mangelnder Zahnpflege oder unruhigen Schenkeln und Händen des Reiters.

In der Zirkuswelt kommt der Beobachtung des Pferdeverhaltens eine besondere Bedeutung zu: Bereits in dem Moment, in dem ein Ausbilder Pferde für eine Freiheitsdressur auswählt, muss er in der Lage sein zu erkennen, welches der Tiere an welche Position gehört und in welchen Lektionen seine speziellen Talente liegen könnten.

Daniela Bolze bringt das Thema „Pferdesprache", das ihr besonders am Herzen liegt, seit vielen Jahren in ihrer Reitschule auf gefühlvolle und kompetente Weise interessierten Pferdemenschen nahe.

Das Wahrnehmen des Charakters und der Verfassung des Pferdes ist für das Erreichen des Lernziels von entscheidender Bedeutung. So fühlen sich die Pferde „verstanden" und danken es ihren Besitzern durch Leistung und Kooperationsbereitschaft.

Diesem Buch wünschen wir eine große Leserschaft, die nach der Lektüre gelernt haben wird, dass sich durch Hinschauen und Hinhören so manches Missverständnis vermeiden lässt. So können Pferdebesitzer zu Pferdekennern werden. Zum Wohle des Pferdes.

Ina Krüger-Oesert und Gino Edwards

Ina Krüger-Oesert ist eine bekannte Showreiterin und führt seit 20 Jahren Seminare zu den Themen klassisch-barocke Dressur, Arbeit an der Hand und Zirkuslektionen durch. Ihre „Schule für anspruchsvolles Freizeitreiten" wurde 2009 von der FN in einem bundesweiten Wettbewerb für ihre hoch ausgebildeten spanischen Schulpferde ausgezeichnet.

Gino Edwards entstammt einer alten Zirkusdynastie und ist vor allem durch seine Freiheitsdressur mit sechs arabischen Hengsten bekannt geworden. Er war einer der Direktoren des legendären Pferdemusicals „Zauberwald" und hat sich als kompetenter und feinfühliger Kursleiter einen Namen gemacht.

Viele Menschen wünschen sich für ihr Pferd so eine schicke Box in einem noblen Stall – aber ist es auch das, was das Steppentier Pferd braucht und gern möchte?

Zwei Welten treffen aufeinander

Noch nie gab es so viele private Pferdebesitzer wie heute. Und noch nie hatte das Pferd so wenige Berührungspunkte mit unserem Alltag wie heute. Eine unglückliche Kombination, unter der vor allem das Pferd leiden muss. Denn die Tatsache, dass wir in unserem normalen Umfeld gar keine Erfahrungen mehr mit Pferden haben, bedeutet vor allem, dass wir nichts mehr über ihr Verhalten und Wesen „so nebenbei" mitbekommen. So wie es noch bei der Nachkriegsgeneration der Fall war, bei der Pferde nach wie vor in der Landwirtschaft und zum Transport eingesetzt wurden.

Ich selbst hatte das große Glück, dass in dem Stall, in dem ich ab meinem zehnten Lebensjahr Reiten lernte, „Opa" Lübbers die Pferde versorgte. Ein sehr wortkarger, aber liebenswerter Ostpreuße unbestimmbaren Alters – für uns Kinder jenseits der hundert –, der die Trakehner noch live auf dem Hauptgestüt Trakehnen erlebt hatte und leider auch deren Flucht. Nicht selten hob er missbilligend die Augenbrauen, wenn er die leicht überkandidelten Privatpferdebesitzer im Umgang mit ihren Tieren erlebte. Erst unter seinen großen Händen beruhigten sich die verunsicherten Tiere und wurden wieder handelbar. Opa Lübbers hat damals mit seinem wortlosen Vormachen den Samen der Erkenntnis gelegt, dass zum Umgang mit Pferden vor allem Ruhe, Respekt, Wissen und ganz viel Hingabe gehören – etwas, das mir mein Reitlehrer nicht vermittelt hat. Da ging es um Hilfengebung, Treiben, Stellen, Biegen, korrekte Hufschlagfiguren. Horsesense im alltäglichen Umgang mit dem Freund Pferd – dafür war Opa Lübbers zuständig.

Um dieses zwischenzeitlich überwiegend verloren gegangene Wissen wiederzubeleben, haben wir dieses Buch geschrieben.

Wir möchten den Leser sensibilisieren, genauer hinzusehen, ein Gefühl für sein eigenes Pferd zu entwickeln, für dessen ganz individuelle Sprache und Ausdrucksmöglichkeiten. Schön wäre es, wenn die Ergebnisse der Beobachtungen dann in ein freundliches, kompetentes Miteinander führen würden – mit weniger Missverständnissen und mehr Freude, Harmonie, aber auch Erfolgen. Wir möchten dazu aufrufen, nicht nur zum Reiten in den Stall zu kommen, sondern einfach mal zum Beobachten. Das Pferd nicht nur in der Box zu erleben, sondern auch in der Interaktion mit den anderen Pferden auf Weide und Paddock.

In meiner Reitschule habe ich in vielen Theoriestunden Christianes Fotos benutzt, um mit den Kindern Verhaltenskunde zu machen. Denn sie fängt Stimmungen und Ausdrucksformen ein, die es so zum Teil bei meinen Ponys nicht gibt – Gott sei Dank, wenn ich an so manches Aggressionsgebaren denke. Diese Verhaltensweisen zu kennen, ist aber für das Wahrnehmen von Gefahren sehr wichtig. Auf Christianes Internetseite konnte ich in Fotos mit Pferdegefühlen und Pferdesprache wühlen – und so entstand die Idee zu diesem gemeinsamen Buch.

Ich hoffe von ganzem Herzen, dass die folgenden Seiten Ihnen noch mehr den Weg zum Wesen Ihres Pferdes öffnen mögen. Mehr noch, als es die Tatsache beweist, dass Sie sich überhaupt mit diesem Thema beschäftigen – denn sonst könnten Sie diese Zeilen nicht lesen ...

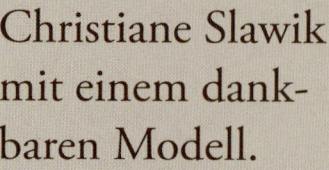

Christiane Slawik
mit einem dank-
baren Modell.

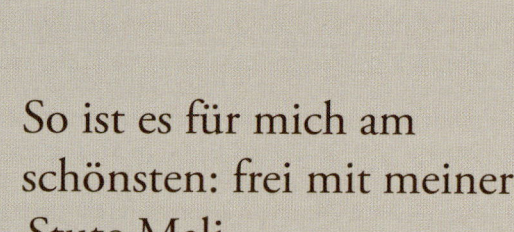

So ist es für mich am
schönsten: frei mit meiner
Stute Mali.

(Foto: Karen Diehn)

Ich habe das unglaubliche Glück, seit fast 20 Jahren eng mit meinen Ponys und Pferden zusammenzuleben. Ich versorge meine Pferde nicht nur selbst, sondern bilde sie auch aus. Seit 2004 betreibe ich eine sehr erfolgreiche Reitschule überwiegend für Kinder und Jugendliche, in der es eben nicht nur um Reittechniken geht, sondern um den gesamten Umgang mit dem Freund Pferd, die Köpersprache, das Führen, Pflegen, Erkennen und Behandeln von Krankheiten und die Versorgung der Tiere. Dabei helfen mir meine mittlerweile 18 vierbeinigen Lehrer – wundervolle Ponys mit 18 verschiedenen Persönlichkeiten, vom Shettyfohlen über wilde Mixturen, Koniks, Fjords bis hin zum Andalusier und Warmblutmix. Daneben erlebe ich durch den Umgang mit Kundenpferden viele andere Pferdetypen und -rassen, die es in meiner Herde nicht gibt. Ich verdiene also mein Geld damit, täglich mehrere Stunden Pferde während des Umgangs und Unterrichts ganz genau zu beobachten, um den Schülern entsprechende Anweisungen geben zu können. Da ich von früh bis spät mit den Tieren zusammen bin, bekomme ich auch alle Facetten ihres Alltags mit. Auch kann ich nicht genug davon bekommen, sie einfach nur über den Koppelzaun hinweg zu beobachten. Neue Spielkonstellationen, Stimmungen innerhalb der Herde, Ausdrucksformen von Freude und auch Ärger. Das ist für mich spannender als mancher Krimi. Und ich bin nicht allein mit diesem Buch. An meiner Seite ist die bekannte Pferdefotografin Christiane Slawik. Seit Jahrzehnten reist sie um die ganze Welt und fotografiert Pferde jeder Rasse. Sie hat in all den Jahren gelernt, mit ihren Augen zuzuhören und so eben genau die magischen Momente einzufangen, die ihre Fotos so einzigartig machen. Das kann sie selbst viel besser beschreiben:

„Vieles, was ich als Fotojournalistin auf verschiedenen Kontinenten und in diversen Kulturen gesehen und in Bildern festgehalten habe, relativiert unseren sehr westlich orientierten Blick auf Pferde. Wir glauben, in Sachen Pferd alles perfekt zu machen. Wie anmaßend! Hat es ein bis zum Stehkragen fett gefütterter, top gepflegter Turniercrack mit 23 Stunden Boxenhaft wirklich besser als die dünnen Touristenpferde neben den Pyramiden, die den ganzen Tag mit ihren Menschen zusammen sind? Zwar bestens genährt und gepflegt, müssen sich Erstere mit lebenslanger Boxenhaft, allerdings in goldenen Käfigen, begnügen. Messingkugeln an lackierten Gitterstäben schmeicheln nur den Menschenaugen und sind den Pferden völlig egal.

Bei vielen Pferden ist der Alltag geprägt von überzogen luxuriöser Ausstattung, einem vermenschlichenden Umgang, kaum Sozialkontakten und Bewegung. Sieht man unseren scheinbar bestens versorgten, mitteleuropäischen Pferden in die Augen, entdeckt man viel zu oft eine tiefe Traurigkeit. Wenn wir für uns reklamieren, echte Tierfreunde zu sein, dann sollten wir uns auch gefälligst mit diesen Tieren beschäftigen! Und zwar nicht nur von oben, von Zeitdruck, Ehrgeiz und Eitelkeiten beherrscht und oft bis an die Zähne bewaffnet.

Leider haben Pferde keinen Schmerzenslaut. Geräusche können in der Wildnis Raubtiere aufmerksam machen. Deshalb reden Pferde mit ihrem Körper. Und das unentwegt. Da kann man nämlich gar nicht anders, als immer irgendetwas zu sagen. Leider schauen nur wenige Menschen wirklich zu und können die Signale richtig interpretieren.

Mein Job besteht aus Zusehen und Verstehen. Nur dann kann ich beim Shooting voraussehen, was ein Pferd als Nächstes tut, und genau DEN Moment, auch ohne die Serienbilder einer Hightechkamera durchrattern zu lassen, perfekt festhalten."

Basics – das Abc der Pferdesprache

Die Evolution hat den Charakter und damit auch die Kommunikation des Pferdes entscheidend geprägt. Auch unsere domestizierten Pferde sind nach wie vor Herden- und Fluchttiere. Was das für das Leben der Pferde bedeutet, versuche ich hier kurz anzureißen. Im Detail gibt es darüber sehr schöne Literatur, die sich mehr mit dem Pferdeverhalten als mit der Sprache auseinandersetzt. Da beides naturgegeben eng miteinander verbunden ist, soll hier auch das Verhalten kurz erwähnt werden, bevor ich mich auf die Ausdrucksformen konzentriere.

Das Leben in der Herde

Als Herdentier braucht und sucht das Pferd andere Pferde als ständigen Gruppenverband, um sich sicher und wohl zu fühlen. Als typischer Pflanzenfresser gehört es zu den Fluchttieren, die ihr Überleben vor allem durch vermehrte Wachsamkeit und gegebenenfalls zügige Flucht sichern. Innerhalb dieser Herde gibt es – wie in jedem Sozialverband – bestimmte Strukturen und Regeln, die eingehalten werden müssen, da sonst Chaos und Anarchie herrschen würden. Im Falle eines Angriffs von Raubtieren auf eine wild lebende Herde wäre dies besonders gefährlich, da keine geordnete Flucht möglich ist, wenn nicht klar ist, welchem Tier die Herde dabei folgen soll. Aber auch bei unseren heutigen domestizierten Pferden birgt eine unklare Struktur Risiken. Wird – zum Beispiel durch einen Stallwechsel – die bisherige Herdenführung von einem auf den anderen Tag aus der Herde genommen, muss sich der verbleibende „Rest" neu sortieren und eine neue Rangfolge ausarbeiten. Letzteres kann zu schweren Verletzungen führen, da dies kaum ohne Auskeilen und Beißen abläuft. Es sei denn, die Position 2 ist von vornherein klar.

Die Herde ist für Pferde überlebenswichtig. Sie gibt Schutz, Sicherheit und den Rückhalt, sich frei zu entfalten und zu entwickeln.

Es kommt auch in homogenen Herdenverbänden immer mal wieder zu Rangeleien untereinander. Meist bleibt es bei Scheinangriffen ohne große Verletzungen.

Die Rangordnung

Den allmächtigen Leithengst, von dessen Existenz jahrzehntelang ausgegangen wurde, hat es so in der Pferdewelt nie gegeben. Immer differenziertere Beobachtungen haben zu dem Ergebnis geführt, dass es in einer Pferdeherde zwar eine Rangfolge gibt, diese aber nicht unabdingbar und unverrückbar ist. Es gibt auch bei Pferden verschiedene Jobs, die manchmal nur für einen gewissen Zeitraum verteilt werden. Ich beziehe mich hier nur auf unsere domestizierten Pferde und nicht auf Wildpferde, da wir Pferdebesitzer mit denen ja kaum Kontakt haben. (Es sei denn, man holt sich wie ich und einige andere einen wilden Konik mit in die Herde ...)

In meiner Herde konnte ich bestimmte Aufgabenverteilungen beobachten: den Gruppenkasper, den Herdenaufpasser, der beim Dösen vermehrt die Wache übernimmt und auch sonst als Erster „Gefahren" durch Kopfhochreißen oder Wegspringen meldet, und den Herdenchef, der bei Neuzugängen als Erstes klärt, wer hier das Sagen hat. Ist der Neuling dann allerdings ansatzweise in die Herde integriert, kommen eigentlich rangniedrigere Pferde zum Einsatz, die den Neuling immer wieder in seine Schranken

weisen, während sich der Herdenchef schon längst großzügig zeigt. Hier finden oftmals viel heftigere Auseinandersetzungen statt als zwischen dem Chef und dem Neuen. Denn hier ist die Rangposition der Tiere ernsthaft bedroht, da die Pferde ähnlich durchsetzungsfähig sind. Neue Pferde arbeiten sich dabei im Lauf der Zeit oft in der Rangordnung von unten nach oben. Wobei es Wallache schwerer haben, die von sich aus mit einem großen Selbstwertgefühl auftauchen und einen hohen Rang beanspruchen. Sie können oder wollen sich nicht damit abfinden, weiter unten zu stehen, und hinterfragen immer wieder die Rangordnung, was zu Unruhe in der Herde führt. Stuten werden von dem Herdenchef gern gleich in Beschlag genommen und zur neuen Liebesgespielin erklärt. Sie haben es dann bei den rangniedrigeren Wallachen sehr leicht, da diese den Besitzanspruch des Chefs und die Zugehörigkeit zu ihm kritiklos akzeptieren. Zwischen den alten und neuen Stuten in der Herde kann es hingegen erbitterte Kämpfe geben, die oftmals gefährlicher sind als die zwischen männlichen Tieren.

Wenn halbstarke Haflingerjungs zusammenstehen, bleibt kein Huf ruhig und es wird ausgiebig gespielt, Kräfte gemessen und trainiert.

Machtwechsel

Rangfolgen können sich auch innerhalb der bestehenden Herde ändern. So war mein Spanier viele Jahre der Chef in der Gruppe. Als er neu hinzukam (damals gab es nur zwei Fjordstuten und drei Shettywallache), hatte er bereits nach zehn Minuten die Mädels besprungen und die kleinen Jungs mal kurz über den Paddock geschickt. Damit war alles klar – bis im Lauf der Jahre auch größere Wallache dazukamen. Da gab es viel Stress. Auch im Alltagsleben hat der Spanier die Herde oft schikaniert, mit seinen Muckis gespielt und seine Macht demonstriert, indem er sie unnötig von einem Ort zum anderen bewegt hat, ohne äußeren Anlass. Er war kein sehr souveräner Chef und musste seine Machtposition immer wieder unter Beweis stellen. Eine dreimonatige Verletzung, bei der er in einem separaten Paddock inmitten des Offenstalls ruhiggestellt wurde, hat dem Fjordwallach Eric die Möglichkeit gegeben, das Zepter an sich zu reißen. Und das blieb auch so, als Valeroso wieder in die Herde kam. Seit-

dem ist viel mehr Ruhe eingekehrt. Als etwas phlegmatischer Fjord hat Eric kein Bedürfnis, die Herdenmitglieder durch ständiges Verscheuchen an seiner Macht „schnuppern" zu lassen. Ihm ist es wichtig, als Erster auf die Weide, ans Futter, an die lebenden „Leckerchenspender" und ans Wasser zu kommen. Beim Rest ist er tolerant. Und auch der Spanier entspannt sich seitdem. Eric ist sich auch nicht zu schade, mit den Shettys ausgiebig zu spielen, ohne aggressiv zu werden – ganz anders als damals Valeroso.

Als schließlich meine Konikstute ein Fohlen bekam und sie und meine Fjordstute Mali, die bislang eindeutig unter Eric standen und sich von ihm beliebig schicken ließen, das Fohlen gemeinsam versorgten und beschützten, war es vorbei mit Erics Souveränität. Zwar war er noch der Chef für die Restherde, aber das Damentrio hatte den Grauen gut unter Kontrolle und der „Chef" musste überall weichen.

Solche Rangverschiebungen gibt es immer wieder in Pferdeherden. Sogar unabhängig davon, ob es eine feste Herde mit wenig Neuzugängen ist oder eine Herde in einem Pensionsstall, wo fast monatlich Neuzugänge zu verkraften sind. Wobei es in Letzterer häufig ruhiger zugeht, trotz vieler Wechsel, da sich gar nicht erst ein festes Herdengefüge entwickeln kann und eine Art Resignation eingetreten ist.

Etwas mehr Ruhe gibt es in geschlechtlich getrennten Gruppen. Viele Pensionspferdebetreiber halten deswegen bewusst Stuten und Wallache in separaten Herden. Hier entfallen Streitereien der Wallache um eine Stute und auch andersherum. Viele Stutenbesitzer mögen es nicht, wenn ihr Pferd von Wallachen besprungen wird, was ja auch durchaus gefährlich sein kann, wenn die Pferde beschlagen sind oder der Wallach zu groß und zu schwer für die Stute ist.

Stuten und Wallache haben ein unterschiedliches Sozial- und Spielverhalten. Während Wallache sehr oft Verfolgungs- und Kampfspielchen miteinander anzetteln, die auch mal heftiger ausfallen können, bevorzugen Stuten in der Regel die soziale Fellpflege untereinander. Hier geht es viel gesitteter zu.

Aus diesen getrennten Herden wird der Aspekt Sexualität/Fortpflanzung herausgenommen, was zu mehr Entspannung führen kann (aber auch zu mehr Eintönigkeit, wenn ich da so meine gemischte Herde ansehe, mit all den Liebeleien ...). Ohne despektierlich sein zu wollen: Man kann vieles vom Verhalten der Menschen untereinander auf eine Pferdeherde übertragen. Es geht um die Ressourcenverteilung. Je beschränkter die Ressourcen sind – wie Futter, Wasser, Sex/Fortpflanzung, die besten Schutzstellen bei Regen oder Sonne und sogar Aufmerksamkeit und Zuneigung des zweibeinigen Bedienungspersonals –, desto größer ist der Kampf um sie.

Gefühle

Gefühle spielen im Zusammenleben der Pferde eine wichtige Rolle. Es gibt Gefühle wie Angst, Hunger, Müdigkeit und Schmerzen, aber auch Gefühle wie Freude, Unlust, Trauer, Unsicherheit, Zuneigung. Auch Konkurrenzgefühle der Pferde untereinander spielen eine Rolle, nenne man sie nun Neid oder Eifersucht. Diese existieren auch in Bezug auf die Zweibeiner: Je enger der Bezug des Tieres zu „seinem" Menschen ist, desto genauer wird je nach Pferdetyp aufgepasst, wer wie viel Aufmerksamkeit bekommt. Und dreht sich der begehrte Zweibeiner dann weg, wird der Frust oftmals direkt am Konkurrenten ausgelassen – durch Wegbeißen oder Schlagen. Das sind Gefühlsäußerungen, die man vor allem dann erleben kann, wenn man eine intensive Beziehung zu mehreren Pferden hat. Der Besitzer eines einzelnen Pferdes wird das kaum so erfahren, da für ihn sein Pferd an erster Stelle steht und er sich meist auch nur um dieses kümmert.

Manchmal jedoch ist es für Eifersüchteleien ausreichend, wenn der Besitzer einem Bekannten bei der Arbeit mit dessen Pferd hilft. Kommt dieses Pferd dann wieder in die Herde, gibt es unter Umständen von dem zurückgelassenen Pferd erst einmal eins auf die Mütze.

Wobei sich die Eifersucht sicherlich in den meisten Fällen eher um die zusätzlichen Leckerchen dreht, die oftmals mit der Beschäftigung mit den Pferden einhergehen, als auf die Beschäftigung selbst. Also geht es dann um die Ressource Futter und nicht um Aufmerksamkeit.

Das Leben innerhalb einer Herde besteht aus vielen Komponenten, die ineinandergreifen und kein starres Gefüge sind. Es gibt dicke Freundschaften, aber auch ebenso erbitterte Feindschaften. Deswegen ist es so wichtig herauszufinden, ob das eigene Pferd in der bestehenden Herde beziehungsweise Stallgemeinschaft auch Freunde gefunden hat oder als ständiger Einzelgänger allein steht. In meiner Herde hat es bei manch einem Pony fast ein Jahr gedauert, bis es sich wirklich eng an andere Herdenmitglieder angeschlossen hat und nicht nur geduldet, sondern integriert war. Das sollten Stallhopper, die bei jedem nichtigen Anlass ihr Pferd zu einem Stallwechsel zwingen, nicht außer Acht lassen. Einsamkeit und Ausgeschlossensein kann den Vierbeiner genauso traurig und krank machen wie uns Menschen.

Wir tragen nicht nur die Verantwortung für eine gute Ausbildung und das richtige Training, sondern auch dafür, dass es dem Pferd in den 22 oder 23 Stunden, die wir nicht da sind, gut geht und sein Bedürfnis nach Sozialkontakten, Bewegung und ausreichenden artgemäßem Futter befriedigt wird.

Gleich und Gleich gesellt sich gern.

Die linke Stute signalisiert Neugierde und freundliches Interesse durch die spitz nach vorn gestellten Ohren. Die rechte Stute zeigt Abwehrverhalten durch die angelegten Ohren und den halbherzigen Schnapper. Allerdings verrät ihr Auge eher Unsicherheit und Unterlegenheit.

„Sprachschwierigkeiten"

Woran erkenne ich als Mensch die einzelnen Gefühlsregungen und Rangpositionen? In erster Linie durch Beobachtung. Viele Pferderassen haben sogar unterschiedliche „Dialekte", weswegen es auch unter den Artgenossen durchaus zu Missverständnissen kommen kann. In einer reinen Islandpferdeherde gibt es andere Ausdrucksmöglichkeiten als in einer Warmblutherde oder bei Arabern. Zumal ja schon die körperlichen Unterschiede zu deutlich differenzierteren Äußerungen führen können. Ein langes Warmblutgesicht mit großer Maulspalte wirkt bei gleicher Mimik um einiges bedrohlicher als ein niedliches Pony, auch wenn beide das Gleiche meinen ...

Pferde müssen diese Sprache selbst auch erst lernen. Deswegen ist es so wichtig, dass sie möglichst in Herdenverbänden aufwachsen, in denen es viele Kommunikationsmöglichkeiten mit diversen Artgenossen gibt und nicht nur Mama allein auf der Weide hinterm Haus. Solche Fohlen können später immense Schwierigkeiten im Umgang mit anderen Pferden haben, da sie nur Mamas Sprache kennen und diese ihren Sprössling oft auch viel zu nachsichtig aufwachsen ließ. Es gab keine Grenzen – und die werden dann auch dem Menschen gegenüber schlecht akzeptiert. Darum sollte man sich immer erkundigen – wenn es möglich ist –, welche Aufzuchtbedingungen der neue Freizeitpartner gehabt hat.

Die Pferdesprache besteht zu 90 Prozent aus Körpersignalen, die in unterschiedlichen Graden abgestuft werden. Zwar müssen wir, wie bei den Buchstaben in einem Alphabet, die einzelnen Körperregionen unserer Vierbeiner betrachten. Einen sinnvollen Ausdruck oder Satz ergeben sie aber erst dann, wenn man sie im Zusammenhang sieht und lesen kann. Die „Buchstaben" sind dabei Ohren, Augen, Maulregion, Körperspannung, Schweifhaltung, Beinstellungen und Körperstellung zum jeweiligen Gegenüber.

Im Folgenden werden verschiedene Ausdrucksformen vorgestellt und dann in den entsprechenden Zusammenhang gesetzt, sodass sie interpretierbar werden.

Beobachten – der Schlüssel zum Verstehen

Es gibt keine „Abkürzung" beim Erlernen der Sprache seines Pferdes: Man muss sie ausgiebig und in allen möglichen Lebenssituationen genau beobachten! Diese investierte Zeit zahlt sich später bei der Früherkennung von eventuellen Problemen im Umgang, unter dem Sattel oder von Krankheiten hundertfach aus.

Pferdegesichter

Wer sein Pferd gut kennt und genau beobachtet hat, der kann bereits mit einem Blick in sein Gesicht erkennen, wie es ihm geht. Denn hier zeichnen sich – wie bei uns Menschen auch – sämtliche denkbare Gefühlsregungen von Müdigkeit, Freude, Humor, Schmerz, Angst bis hin zu Verunsicherung ab. Dann sind zweite Blicke auf Schweifhaltung, Beinstellung und Muskeltonus nur noch eine Bestätigung dessen, was uns das Gesicht bereits verraten hat.

Die Ohren

Für den Laien oder beginnenden Pferdefreund ist die Stellung der Ohren immer das vermeintlich einfachste Zeichen, um die Stimmung des Pferdes feststellen zu können: Ohren nach vorn = alles in Ordnung, Ohren nach hinten = Gefahr droht. So einfach ist es glücklicherweise nicht, denn dann würde uns eine unglaubliche Vielfalt an Kommunikationsfeinheiten entgehen.

Sicherlich signalisieren ganz nach hinten angelegte Ohren eine hohe Aggressionsbereitschaft beim Pferd. Doch in welchem Maße wirklich Gefahr droht, hängt wieder von der Kombination mit anderen Körpersignalen und der Situation ab. Manch angelegtes Ohr gilt ausschließlich als Drohung. Ein anderes ist die Vorbereitung für den sofort folgenden tätlichen Angriff. Wer das nicht unterscheiden kann, lebt gefährlich ... als Mensch und als Pferd.

Ähnliche Missverständnisse kann es bei den aufmerksam nach vorn gespitzten Ohren geben. Für den Menschen meist ein positiver Ausdruck, da die Pferde dann sehr „niedlich" aussehen. Richtet sich die Aufmerksamkeit des Pferdes aber auf etwas weit weg vom Menschen, kann es für diesen gefährlich werden, da das Pferd dann nicht mehr auf den Zweibeiner achtet. Dazu mehr im Kapitel „Kommunikation im Umgang mit dem Menschen".

Auch ob die Ohrmuschel zur Seite, nach unten oder nach hinten gedreht ist, entscheidet über den jeweiligen Gefühlsausdruck.

Am besten verdeutlichen die Fotos die bunte Bandbreite an Ohrstellungen mit ihren dazugehörigen Emotionen.

Ein aufmerksames, aber unaufgeregtes Ohrenspiel, das die geteilte Aufmerksamkeit des Pferdes signalisiert: zum einen nach vorn, aber auch auf seiner rechten Seite gibt es Bemerkenswertes.

Hier wurden die Ohren auf Durchzug gestellt, und der gesamte Ausdruck zeigt ein entspanntes, dösendes Pferd, das sich in seiner Umgebung sicher fühlt und deswegen auch kein aufmerksames Ohrenspiel braucht.

Eindeutig aggressives Ohrenspiel, mit der Bereitschaft, jeden Moment zuzubeißen, einhergehend mit einem unwilligen Kopfschlagen, wie das Mähnenspiel verrät.

Ein aufmerksames Pferdegesicht mit gespitzten Ohren in einer aufregenden, aber nicht ängstigenden Situation.

Die typischste Geste der Nüstern: das Flehmen. Damit versuchen vor allem männliche Tiere (aber nicht nur) einen für sie interessanten Geruch besser aufzunehmen.

Extrem geweitete Nüstern, wie sie für einige Rassen alleine bei leichter körperlicher Anstrengung typisch sind. Maul und Auge sind entspannt.

Die Nüstern

Bereits die angeborene Form der Nüstern kann über den Ausdruck des Pferdes entscheiden. Araber haben oft sehr große weite Nüstern, die sie bei relativ nichtigem Anlass häufig noch weiter aufmachen können. Das gibt ihnen von Natur aus einen sehr rassigen, temperamentvollen Ausdruck. Die gleiche Nüsternstellung bei einem Pony kann wesentlich dramatischere Auswirkungen haben.

Je kälter das Ursprungsland der Pferde ist, desto kleiner sind in der Regel die Nüstern, da diese auch zur Thermoregulierung für das Pferd von Nutzen sind. Über die Nüstern findet im Normalfall der Luftaustausch statt und sie dienen natürlich zum Riechen. Daneben sind sie aber auch wunderbare Indikatoren für Gefühlsregungen. Pferde können ihre Nüstern bei Schmerz, Aggression oder Unwohlsein in Falten hochziehen. Sie können sie bei Verweigerung und Überforderung anspannen und verkleinern oder bei Auf- oder Erregung wie bereits erwähnt weit aufreißen.

Das Flehmen ist eine weitere Besonderheit, bei der das Pferd durch Hochziehen der Oberlippe den Zugang zum Jacobsonschen beziehungsweise vomeronasalen Organ freilegt. So kann es Düfte, insbesondere Sexualduftstoffe (Pheromone), besser wahrnehmen und interpretieren. Hierbei haben wir bereits eine Kombination aus Nüstern- und Maulsprache.

Das Maul

Das Maul ist für mich persönlich eines der faszinierendsten Körperteile beim Pferd. Und nicht nur für mich, wenn man sich die Reaktion der Menschen ansieht, die einem Pferd begegnen: Die meisten strecken die Hand hin und versuchen, das Maul des Pferdes zu streicheln. Es ist eines der ausdrucksstärksten Körperteile, da sich hier viele Muskeln befinden, mit denen das Pferd die Mimik und den Einsatz des Mauls verändern kann.

Mit dem Maul wird Nahrung aufgenommen und getrunken, wobei die Lippen und die Zunge zusammen mit dem Geschmacks- und Geruchssinn genau unterscheiden können, was essbar ist und was nicht. Mit dem Maul werden fremde Gegenstände abgetastet und „befühlt", der Pferdekumpel wird in Form von Fellpflege und Knabbereien verwöhnt, aber auch mit ausgiebigem Ablecken. Gegenseitiges Berühren und Beknabbern am Maul leiten Spiele unter Freunden ein. Die Maulpartie signalisiert Entspanntheit, Angespanntheit oder auch Vorfreude, zum Beispiel wenn die Oberlippe sich in Erwartung des tollen Leckerchens vorschiebt. Mit dem Maul werden Gegenstände transportiert (wie beim Klauen des Mistsammlers) oder Tore geöffnet. Und mit dem Maul wird natürlich auch gebissen. Es ist wohl am ehesten mit der Hand beim Menschen zu vergleichen.

Maulkorb – ja oder nein?

Das Maul ist für das Pferd ein immens wichtiges Körperteil, das weit mehr Funktionen als die reine Nahrungsaufnahme hat. Deswegen halte ich es für mehr als bedenklich, ein Pferd im Sommer 24 Stunden inmitten einer Herde einen Maulkorb tragen zu lassen, der die Grasaufnahme reduzieren soll. Er verhindert auch sämtliche Kontaktaufnahmemöglichkeiten zu den Artgenossen! Es empfiehlt sich stattdessen ein aufwendigeres Weidemanagement, bei dem auf die unterschiedlichen Futterbedürfnisse der einzelnen Tiere eingegangen werden kann.

Eine typische Maul-Nüstern-Stellung, die sowohl Unmut, Unlust, Schmerzen, aber auch beginnende Aggression ausdrücken kann – abhängig von den anderen Körpersignalen.

Das Shire Horse zeigt einen hohen Grad von Entspannung: Die Unterlippe hängt völlig gelöst herunter.

Lassen sich meine Pferde von mir frei auf der Weide oder dem Paddock sanft und ausgiebig das Maul streicheln, auch seitlich die Maulspalte hoch und sanft an den Lippen (ja sogar mit einem zarten Kuss ...), ist das für mich ein Zeichen von Vertrauen und Zuneigung, denn das geht nur in einer wirklich entspannten Stimmung. Auch die befreundeten Artgenossen untereinander nehmen so oft Kontakt auf und beknabbern sich sehr behutsam. Aber nicht jedes Pferd mag es, dort ausgiebig berührt zu werden, was man akzeptieren sollte.

Meist wird mit einem Maulbeknabbern eine ausgiebige Spielstunde eingeleitet, die – je nach Bo-

denverhältnissen – in einer wilden Verfolgungsjagd enden kann. Im Winter, bei Dauerregen und sehr matschigen Böden, bleibt es oft beim ausgiebigen Knabbern und kann im Eifer des Gefechtes sogar zu ernst zu nehmenden Wunden führen, da aus zarter Knabberei verletzendes Zukneifen werden kann, bei dem manchmal sogar Blut fließt.

Meine Fjordstute Mali hat das aktivste Maul, das mir je begegnet ist: Es steht nie still, ist immer in irgendeiner Form am Zucken, Beben, Wackeln – und sie ist diejenige, die sich gar nicht gern dort anfassen lässt. Einen Zusammenhang konnte mir noch keiner erklären.

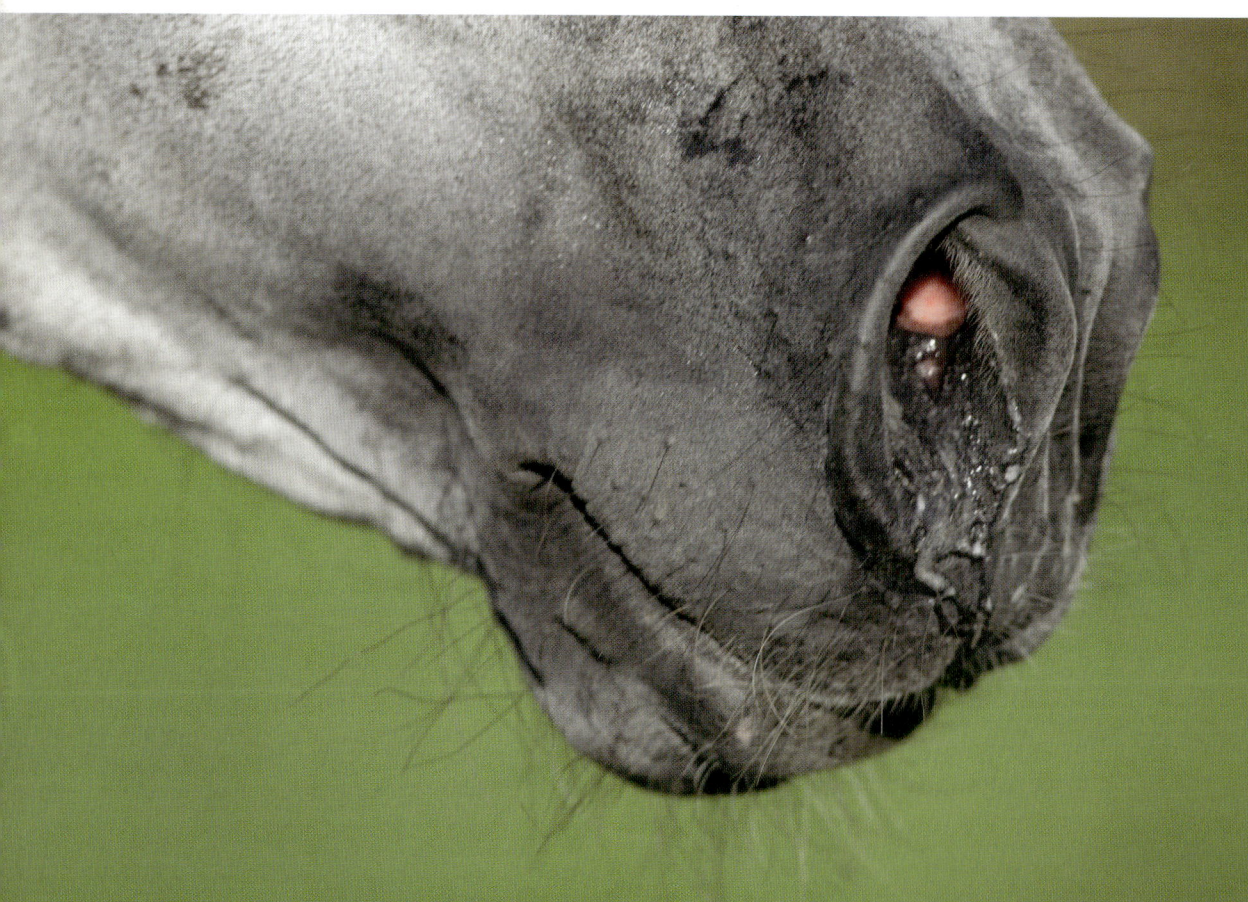

Ganz anders dieser Iberer. Er zeigt alle Anzeichen von Anspannung: zusammengepresste Lippen, angespannte Maul- und Nüsternpartie und eingezogene Backen.

Der Schimmel zeigt sich entspannt interessiert.
Die geweiteten Nüstern versuchen mehr Geruchsinformationen zu bekommen.

Schön, wenn ein Pferd aus so ruhigem, in sich ruhendem Auge in die Welt schauen kann.

Die Augen

Auch wenn die Augen für die Pferde untereinander keine große Kommunikationsbedeutung haben, da sie auf Entfernung einfach nicht gut zu sehen sind, spielen sie doch eine große Rolle, wenn der Mensch herausfinden will, in welcher Gemütsverfassung sich das Tier befindet.

Die Augen sind der Spiegel der Seele – wie bei uns Menschen, so auch beim Pferd. Es gibt immer wieder den Ratschlag: Schau deinem Pferd ja nicht direkt in die Augen, es fühlt sich sonst bedroht. Das „Wie" halte ich dabei allerdings für entscheidend.

Blickkontakte
Bei meinen Ponys habe ich immer wieder beobachtet, dass sie meinen Blick manchmal geradezu suchen, wir ineinander „eintauchen" und so ein „Gefühls-Update" machen können.
Ich kann meine Pferde auf dem Paddock durch einen sehr ernsten Blick in ihre Schranken verweisen, kann sie aber ebenso gut nur mit einem Augenkontakt beruhigen. Das nützt mir vor allem im Reitunterricht, wenn unsichere Schüler auf ihnen sitzen und die Ponys selbst verunsichert sind: ein Blick zu mir, mal eine strenge Ermahnung, mal eine Aufmunterung nach dem Motto: „Das schaffst du schon!" Der Frechdachs Lasse sucht meinen Blick geradezu, bevor er einen Galoppspurt plant, um sich dann von mir mit einem strengen Blick abhalten zu lassen ...

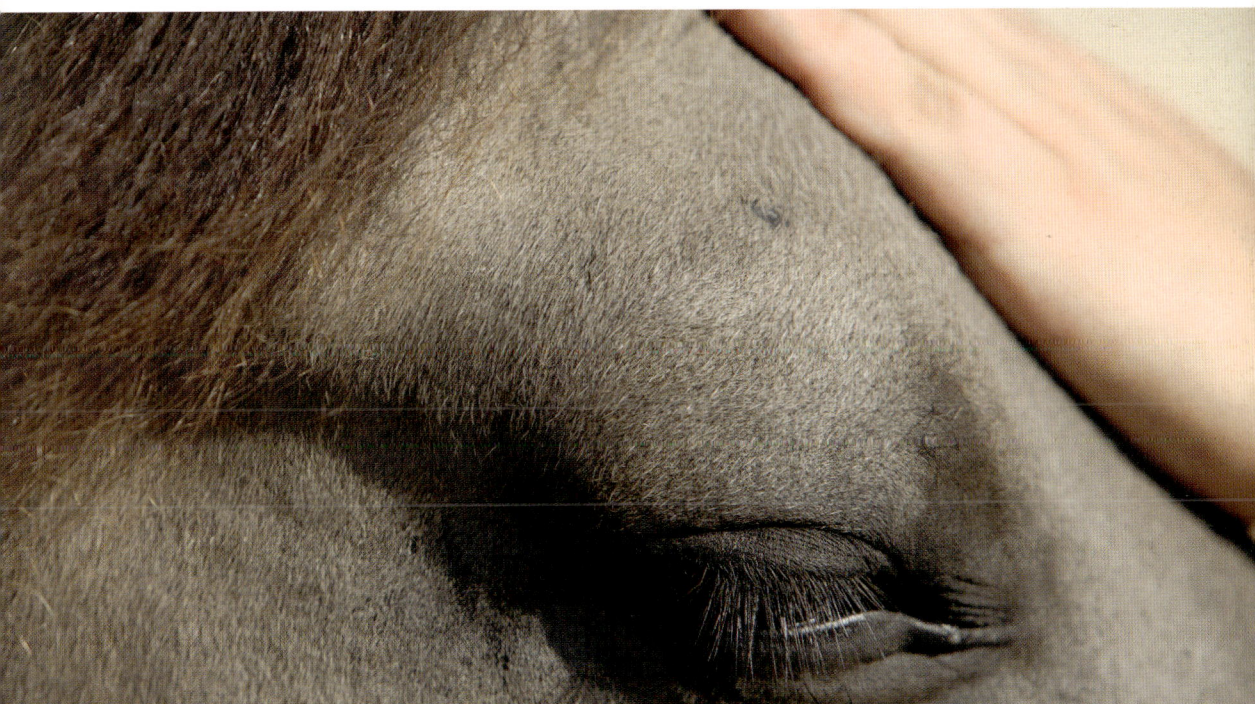

So sieht ein entspanntes Pferdeauge aus. Dieser Konik genießt die Berührung seines Menschen offensichtlich. Derselbe Augenausdruck entsteht auch beim entspannten Dösen.

Müde, traurig, resigniert – ein Augenausdruck, den man leider sehr häufig bei iberischen Pferden und bei überforderten Sportpferden antrifft. Augenfalten, vor allem bei jungen Pferden, sind immer ein Indiz für seelische und/oder körperliche Not und Überforderung.

Das Auge ist vor Angst weit aufgerissen, das Weiße im Auge ist zu sehen, der Blick versucht nach hinten abzusichern.

Die Augen haben beim Pferd natürlich die Funktion, sehen zu können. Als Fluchttier ist das für Pferde von elementarer Bedeutung. Wobei es tatsächlich auch blinde Pferde gegeben hat, die dann sehr gut mit Hilfe und Führung eines guten Pferdefreundes in der Herde überleben konnten und nicht ausgestoßen wurden. Dass blinde Pferde unter dem Sattel höchste Leistungen vollbringen können, wird täglich unter Beweis gestellt. Unter anderem durch Bent Branderup und seine beiden berühmten – und blinden – Knabstrupperhengste.

Allein durch die Anordnung der Augen seitlich am Kopf haben Pferde einen ganz anderen Blickwinkel als wir Menschen. Sie ermöglicht ihnen fast einen Rundumblick von 360 Grad. Einzig direkt vor und hinter sich kann das Pferd nichts erkennen, ohne den Kopf zu drehen.

Da das Pferd keine Augenbrauen hat, ist für uns Menschen die Deutung etwas schwieriger – aber eben nicht unmöglich. Allein die Form der Augen, weit geöffnet oder geschlossen, inwieweit das Weiße zu sehen ist, wie viele Augenfältchen sich über den Augen bilden oder die so aussagekräftigen Kuhlen über den Augen geben Auskunft über die Gefühlslage des Pferdes.

Körperhaltungen

Wie bei uns Menschen auch, drücken sich Stimmungen beim Pferd in seiner gesamten Körperhaltung aus. Die hängenden Schultern des Zweibeiners sind vergleichbar mit dem schlaff fallen gelassenen Hals des Pferdes – sei es aus Müdigkeit, Langeweile, Krankheit oder Resignation. Was von allem zutrifft, darüber entscheiden dann Augen, Ohren, Mimik und Beinstellung. Der Muskeltonus (Spannungszustand eines Muskels) ist für die jeweilige Körperhaltung des Pferdes verantwortlich – beginnend bei den Nüstern über die Ohren, den aufgerichteten oder fallen gelassenen Hals, die angespannte Bauchmuskulatur oder den abgesenkten Rücken bis hin zu dem hoch abgestellten oder fest angedrückten Schweif. Pferde unter großer Anspannung scheinen geradezu auf den Hufspitzen zu stehen – noch mehr, als sie es als Zehengänger sowieso schon tun. Die Muskelgruppen der Oberlinie vom Halsansatz hinten am Kopf bis zur Schweifrübe stehen beim Pferd in Verbindung, weswegen man niemals einen vor Aufregung abgestellten Schweif bei gleichzeitig entspannt fallen gelassenem Hals sehen wird.

Sieht schön aus – wäre in diesem Erregungszustand für den Menschen aber schwer zu handhaben.

Alle drei Isländer befinden sich am selben Ort und reagieren doch sehr unterschiedlich. Während sich das Pferd ganz rechts mit hoch erhobenem Kopf sehr angespannt zeigt, ist bei dem linken nur Interesse mit einer weniger angespannten Körperhaltung zu sehen. Der Dritte im Bunde lässt sich nicht beim Fressen stören.

Gefährliche Hingucker

Der hoch aufgerichtete Hals mit weit nach vorn gestellten Ohren, geöffneten Nüstern, großen Augen, angespannten Muskeln und hoch getragenem Schweif gilt für viele als Inbegriff von Kraft, Temperament und Schönheit. Das sind zu Recht die Hingucker auf Fotos und auf der Weide.

So ein Poster hätte man sehr gern von seinem liebsten Vierbeiner an der eigenen Wand hängen. Im täglichen Umgang sind das allerdings alles Körpersignale, die auf eine drohende Gefahr hinweisen und nicht von Wohlfühlen, Vertrauen und Entspannung sprechen.

Die Kopfhaltung

Als Fluchttiere reagieren Pferde extrem sensibel auf jede Veränderung der Silhouette ihrer Artgenossen. Sie nutzen diese Körperhaltungen, um sich über weite Distanzen hinweg zu verständigen. Allein das Anheben des Kopfes aus einer friedlich grasenden Situation heraus signalisiert den anderen Herdenmitgliedern: „Moment, da ist was los!" Ob es nur beim Kopfheben bleibt oder sich daraus ein Wegrennen entwickelt, hängt davon ab, ob das, was die Aufmerksamkeit

erregt hat, als fremd und bedrohend oder als vertraut und harmlos eingestuft wird.

Vertrauen lernen durch Abgucken
Ein sehr schönes Beispiel dafür liefert meine Ko-
nikstute Baschka. Sie ist ein Rettungsfall und lebte
bis zu ihrer Ankunft bei uns ohne richtigen Men-
schenkontakt mit ihrer Familienherde als Weide-
pfleger in Mecklenburg-Vorpommern. Als sie frisch
in der neuen Herde war und alle friedlich grasten,

Schöne Rollenverteilung: Während ein Teil der Herde ausruhen und liegen kann, passen andere Herdenmitglieder umsichtig auf.

riss sie sofort den Kopf hoch und weitete Augen und Nüstern, als ich mich der Gruppe langsam näherte. Ihre ganze Körperhaltung war auf Flucht programmiert. Als sich aber keines der anderen Ponys auch nur dazu herabließ, den Kopf aus dem leckeren Gras zu heben, entspannte sie sich merklich und fing nach kurzer Zeit an, selbst wieder zu grasen. Der Blick zu den Artgenossen reichte, um sie zu beruhigen. Heute hebt auch sie nicht mehr den Kopf, wenn ich auf die Weide komme – schade eigentlich ...

Je nachdem, wie sicher sich das Pferd in seiner Herde fühlt, kann es eher gelassener oder auch stark beunruhigt auf fremde äußere Einflüsse reagieren. Die Reaktion hängt zudem sehr stark von der individuellen Veranlagung des einzelnen Tieres ab. Deswegen sollte man seinen zukünftigen Pferdepartner vor dem Kauf möglichst auch in einer Herde beobachten können. Wie souverän reagiert er auf die anderen oder auf Umwelteinflüsse, wie schnell regt er sich auf und auch wieder ab?

Ansteckende Furcht
Neulich spielte Baschkas Fohlen Grazina mit einem blauen Müllsack, der auf den Paddock geflogen war. Sie nahm ihn ins Maul und erschreckte sich im selben Moment dermaßen über das Geknister, dass sie panisch davonlief – leider mit vor Schreck starr zusammengepressten Zähnen und Lippen, und so flog der Müllsack brav und furchterregend neben ihr her. Meine sonst so gelassene 18-köpfige Herde hatte so etwas auch noch nicht gesehen und entbrannte zu einer kurzen Mini-Stampede, als der schwebende Müllsack nahte. Nach drei Runden öffnete Grazina endlich das Maul und der Spuk hatte ein Ende. Während meine selbstbewussten Ponys sofort zur Tagesordnung übergingen und sich schlagartig beruhigten, waren die nervöseren Gemüter noch knapp 30 Minuten später sehr schnell erregbar und blieben skeptisch.

Bei solchen furchterregenden Situationen wird erst gerannt und dann geschaut, was da eigentlich die Flucht ausgelöst hat. Wobei der Herdentrieb die Situation dann oft eskalieren lässt, da sich alle Tiere dem zuerst scheuenden anschließen. Bei kleineren „Störungen" wird der Kopf gehoben, geschaut, der Kopf gedreht, ob man mit dem anderen Auge etwas anderes sieht, die Ohren gedreht, der Blick geht zu den Pferdekumpeln, und meist entspannt sich das aufgeregte Tier dann wieder.

Haben die Pferde die Möglichkeit, in einem herdenähnlichen Verband viele Stunden am Tag zusammen zu sein, so kommt es innerhalb der Fresszeit (bis zu 16 Stunden täglich) immer mal wieder zu Ruhephasen. In diesen werden einzelne Tiere als regelrechte Aufpasser auserkoren, während sich die anderen entspannt hinlegen können und schlafen oder im Stehen dösen. Es sind auf vertrautem Terrain meist rangniedrigere Tiere, die diesen Job übernehmen, da der Chef Kräfte sammeln muss für wichtigere Aufgaben. Allerdings gibt es auch für sie Gelegenheit, sich beim Liegen zu regenerieren – so sie richtig in die Herde integriert sind. Deswegen ist es so wichtig, noch nicht voll integrierten Tieren zumindest nachts die Möglichkeit eines separaten Paddocks oder einer Box zu geben, wo sie sich ohne Bedrohung der anderen ausruhen können.

Wenn man eine Herde sieht, in der alle Tiere gleichzeitig liegen, kann man davon ausgehen, dass sie sich in ihrem Umfeld sehr sicher und geborgen fühlen.

Für den Menschen sollte eine sehr aufmerksame Körperhaltung des Pferdes immer ein Signal zur besonderen Achtsamkeit im Umgang mit ihm sein. Wenn das Verhältnis Mensch-Pferd nicht strikt derart geklärt ist, dass der Mensch der Vertrauen spendende Chef ist, läuft er Gefahr, schlicht über den Haufen gerannt zu werden, sollte das Pferd als Folge seiner Anspannung und Beobachtung die Flucht vorziehen. Lässt sich das Pferd nicht vom Menschen beruhigen, hat dieser keinen großen Einfluss und ist demnach auch nicht der Chef.

Der Hals

Das Kopfheben allein signalisiert den anderen Gruppenmitgliedern nicht immer eine Gefahr. Dies entsteht erst durch den Grad der Aufrichtung beim Kopfheben, ob sich der Hals dabei anspannt und das Pferd versucht, durch schnelles Drehen des Kopfes besser taxieren zu können. Zeigt ein Aufpasser so ein Verhalten, bleibt kaum ein anderes Tier entspannt liegen.

Der hoch erhobene Kopf mit angespanntem, jeden Muskelstrang zur Schau stellenden Hals ist außerdem ein Anzeichen für Macht und Rivalitätskampf. Er kommt naturgemäß eher bei männlichen Tieren vor als bei Stuten. Dazu mehr im Kapitel „Verhaltensmuster der Pferde untereinander".

In dem Maße, wie die Kopf- und Halshaltung Erregung widerspiegelt, tut sie das auch mit Entspannung, Vertrauen und Erschöpfung. Ein Pferd, das den Kopf und Hals fallen lässt, hat die Kontrolle aufgegeben – sei es nun aus Vertrauen, Erschöpfung, Schmerzen oder Resignation. Man muss schon genau hinsehen und die Umstände einbeziehen, um den Unterschied erkennen zu können. Und auch da trifft wieder zu: Je genauer

Kleine Isländergruppe beim Mittagsdösen mit gesenktem Kopf und entspanntem Gesicht.

man sein Pferd in den unterschiedlichsten Lebenslagen beobachtet hat, desto schneller erkennt man seine wahre Gemüts- und Körperverfassung.

Denn es macht schon einen bedeutenden Unterschied, ob der Vierbeiner nach dem Fressen in der Sonne entspannt vor sich hin döst, von einem viel zu harten Training völlig erschöpft in der Box oder auf dem Paddock steht, aus gesundheitlichen Gründen völlig schlaff ist und kaum noch Kraft hat, den Kopf zu heben, oder ob er innerlich so resigniert hat, weil jede Lebensfreude und -kraft aus ihm herausgeprügelt oder -gehungert wurde. Manchmal reicht auch ein ganz „normales" Leben als unverstandener Freizeitpartner oder „Sportgerät" aus, um ein Pferd innerlich resignieren zu lassen. Denn nicht immer tut das, was für den Menschen bequem und sinnvoll ist, dem Pferd auch gut .

Ein ganz besonderes Merkmal für ein entspanntes Miteinander bekommt die Halshaltung beim Umgang mit dem Menschen – sei es vom Boden aus oder unter dem Sattel. Außerdem spielt der Hals im Ausdruck des dominanten Hengstes oder Wallachs gegenüber seinen Stuten und seiner Herde eine sehr wichtige Rolle – und manchmal auch seinem Menschen gegenüber, wenn dort die Rangfolge nicht wirklich geklärt ist. Doch dazu mehr im Kapitel „Kommunikation im Umgang mit dem Menschen".

Angespannte Gesichter, weit geöffnete Augen, gespitzte Ohren, erhobene Köpfe mit angespannter Unterhalsmuskulatur, zusammengepresste Lippen und bei dem Fohlen sogar angedeutetes Abkauen – hier liegt Aufregendes in der Luft.

Gespannt wie ein Flitzebogen. Das Pferd holt mit dem Hals Schwung zum ausgiebigen, genussvollen Bocken.

Die rassetypische „Fahne" bei den Arabern und einigen anderen blütigen Rassen drückt besonders deutlich die innere Anspannung dieser leicht erregbaren Pferde aus.

Der Schweif

Wie bereits erwähnt, stehen die einzelnen Muskelgruppen des Pferdes von vorn bis hinten in Verbindung. Je nach Rasse wird der Schweif im Grad der Aufregung mithilfe der bemuskelten Schweifrübe mehr oder weniger weit vom Körper abgestellt. Am besten ist das bei der sogenannten Fahne der Araber zu sehen, bei denen manchmal die schlichte Aufforderung zum Angaloppieren ausreicht, um diese Schweifposition zu erzielen. Der Schweif ist ein wundervolles Indiz für An- und Entspannung im Pferd – sowohl körperlich, als auch seelisch.

Neben seiner Funktion als Kommunikationsmittel dient er bei guter Behaarung der Schweif-rübe auch als Wetterschutz für die empfindlichen Körperöffnungen zwischen den Hinterbacken. Deswegen sollte man Pferden, die draußen Wind und Regen ausgesetzt sind, auf gar keinen Fall den früher so weitverbreiteten Schweifrüben-schnitt verpassen.

Neben dem Erregungszustand durch steiles Aus- oder Abstellen der Schweifrübe – sei es aus Angst vor Gefahr oder als Ausdruck von Imponierver-halten, um dem Körper eine größere Silhouette zu verleihen – dient der Einsatz des Schweifes vor allem der Insektenabwehr.

Sobald das Wetter ungemütlich wird, drehen Pferde sich mit ihrem gut gepolsterten Hinterteil in den Wind.

Man könnte sie mit nervös auf eine Tischplatte klopfenden Fingern vergleichen. Pferde, die mit dem Schweif hin und her schlagen – ohne dass Insekten der Grund sind –, befinden sich in der zweiten Phase einer Drohung. Meist ging dem eine deutliche Mimik und vor allem das Anlegen der Ohren voraus. Reicht das nicht, folgt das Schweifwedeln. Wenn auch das nicht genug ist, kommen Signale mit den Beinen hinzu. Und wer dann immer noch nicht zugehört und angemessen reagiert hat, der braucht sich über einen Pferdebiss oder -tritt nicht mehr zu wundern.

Das abrupte Schweifschlagen als Unmutsäußerung hat vor allem etwas mit körperlichem Unwohlsein zu tun. Es wird beispielsweise gezeigt, wenn eine Berührung unangenehm ist – sei es von einem anderen Pferd oder dem Menschen, aber auch bei schmerzhaften Krankheitssymptomen wie Koliken, Reheschüben und Ähnlichem. Ganz häufig sieht man es leider auch unter dem Reiter, wenn deutliche und schmerzhafte Verspannungen vorliegen.

Aber es kann auch einen inneren Erregungszustand widerspiegeln. Meist dann, wenn das Pferd merkt, dass es in einer Zwangslage ist, aus der es sich nicht durch Flucht entziehen kann, wie zum Beispiel am Anbinder, dem Behandlungsstand oder wenn es in die Enge getrieben wurde. Im selben Maß ist ein locker mit der jeweiligen Gangart mitschwingender Schweif ein Zeichen für Losgelassenheit. Etwas, das vor allem bei den Islandpferdereitern von Bedeutung ist, bei der sogenannten Töltwelle im Schweif.

Versierte Ausbilder und Tierärzte können an dem eventuellen Schiefstand des Schweifes erkennen, wo Verspannungen und Rittigkeitsfehler liegen. Manchmal ist dieser angeboren, in den meisten Fällen aber „reingeritten".

Und natürlich erkennt man an der Schweifhaltung bei der rossigen Stute, wann sie für den Hengst bereit ist.

Stuten-Schlagabtausch, bei dem die Damen mit lautem Gequietsche Po an Po stehen und aufeinander eindreschen. Hört sich meistens schlimmer an, als es ist.

Beinsignale

Es gibt verschiedene Beinpositionen, die nicht der Fortbewegung oder Essensaufnahme dienen, sondern der Kommunikation. Der locker auf der Zehenspitze ruhende Hinterhuf, das sogenannte Schildern, kann beispielweise ein Indiz für Entspannung und Dösen sein, aber auch für Schmerzen. Genauso kann der leicht angehobene Huf bereits eine deutliche Drohung sein. Auch hier gilt: Das Zusammenspiel der einzelnen Körpermerkmale ermöglicht eine korrekte Interpretation.

Beim Schildern kann das Pferd ohne aktive Muskelspannung auf der Hinterhand ruhen, was man an einem angewinkelten Bein erkennt. Hierbei wird die Strecksehne, die über das Knie läuft, mit Hilfe einer Schlaufe „festgehakt". Dadurch werden alle Gelenke des Hinterbeins automatisch steifgestellt und das Pferd kann dieses Bein jetzt ohne Muskelanspannung voll belasten. Das andere Bein wird entspannt auf die Zehenspitze gekippt.

Die aussagekräftigste Beinaktion ist sicherlich das Ausschlagen mit der Hinterhand. Ich hoffe sehr, dass Sie niemals Ziel einer Beinattacke dieser Art gewesen sind. Pferde, die gezielt nach dem Menschen ausschlagen, müssen sich schon sehr stark bedrängt oder bedroht fühlen, um so harte Maßnahmen gegen einen Zweibeiner zu ergreifen. Oder aber sie haben vorab so schlechte Erfahrungen mit den Menschen gemacht, dass sie es vorziehen, diese durch Ausschlagen auf Abstand zu halten.

Für Pferde sind gesunde Beine überlebenswichtig. Beinbrüche oder Verletzungen an den Extremitäten können für sie den Tod bedeuten. Meist verpufft das Ausschlagen im normalen „Alltagsgeschäft" jedoch in der Luft oder trifft eher die gut gepolsterten Hinterbacken als die empfindlichen Beine.

Typische Entspannungsszene in einer Herde: Ein Teil liegt, ein Teil ruht stehend mit nach hinten gedrehten Ohren, die hier Entspannung signalisieren. Der Fuchsschecke und das Fjordpferd zeigen das typische muskelschonende Schildern mit dem Hinterbein.
(Foto: Daniela Bolze)

Schlagkräftiger Zwerg
Ein Stallbetreiber wollte zum Ausmisten nur mal schnell ein Großpferd und ein Shetlandpony gemeinsam in eine große Box sperren. Beide kannten sich eigentlich von der Weide. Auf engem Raum ohne Ausweichmöglichkeiten kam es aber zu heftigen Attacken – aus denen das Shetty als Sieger hervorging. Durch seine kurzen Beine traf es das Großpferd nicht etwa am gut bemuskelten und damit relativ geschützten Hintern, sondern an den empfindlichen Beinen. Das Großpferd war nach dieser Aktion für den Rest seines Lebens unreitbar!

Am häufigsten ist das Schlagandrohen mit der Hinterhand zu beobachten, dem in den meisten Fällen ein Anlegen der Ohren, ein Schlagen mit dem Schweif und eine deutlich abwehrende Aktion mit dem Kopf vorausgegangen sind.
Eine weitere wichtige Beinaktion ist das nach vorn Ausschlagen mit den Vorderbeinen – ein typisches Imponiergehabe bei Hengsten untereinander. Aber auch Stuten reagieren beim Erstkontakt mit anderen Pferden gern nach dem hohen Quietschen mit einem kurzen Aufstampfen und Treten mit den Vorderbeinen. Wobei sie bei Nichteingreifen des Menschen im nächsten Schritt sofort die Hinterhand zueinanderdrehen, um sich ausführlich mit den Hinterbeinen zu attackieren. Männliche Pferde bevorzugen Steigen und Beißen.

Pferde nutzen ihre Vorderbeine auch immer wieder gern als Handersatz, um Gegenstände zu untersuchen, Tore zu öffnen oder Holzlatten, Wasserbottiche und Ähnliches von der Stelle zu bewegen – das kann bis zum Fußballspielen mit den beliebten Horseballs gehen. Gute Dienste leisten sie auch zum Freischarren von Wurzelwerk oder beim Entfernen weniger schmackhaften Heus von dem wirklich leckeren, das ganz unten liegt.

Der Fantasie sind bei der Nutzung der Vorderbeine wahrlich keine Grenzen gesetzt. Wenn ein stehendes Pferd die Vorderbeine in der sogenannten Sägebockstellung weit nach vorn von sich streckt und die Hinterbeine stark nach vorn unter den Körper stellt, sollte sofort ein Tierarzt gerufen werden! Denn dann liegt meist ein akuter und schwerer Fall von Hufrehe oder auch eine schwere Kolik vor, bei der das Pferd versucht, sich Entlastung zu verschaffen.

Deutlicher kann sich Schmerz kaum zeigen: Ein Pferd, das in der Sägebockstellung steht, bei der es versucht, die durch Hufrehe schmerzenden Vorderhufe zu entlasten.

Pferde untersuchen ihnen unbekannte Dinge gerne mit den Vorderbeinen.

Lautäußerungen richtig deuten

Als Fluchttiere haben Pferde nur ein sehr geringes Repertoire an Lautäußerungen, da diese sie bei ihren Feinden verraten würden. Trotzdem gibt es auch bei ihnen einige Laute, mit denen sie sich innerhalb der Herde verständigen.

Blubbern

Der schönste Laut ist für mich das fast schon zärtliche und tiefe Blubbern, das sowohl die Mutterstute ihrem Fohlen gegenüber zeigt als auch innig miteinander verbundene Pferde bei der gegenseitigen Begrüßung. Es klingt wie ein ganz tiefes zartes Brummeln in kurzen, unterschiedlich langen Abständen, etwa so: *Mh-mh-mh-mh*. Wobei die Lautstärke je nach Anlass und Pferd variieren kann. Sozusagen ein Wiehern mit geschlossenen Lippen.

Mit ganz viel Glück werde auch ich von einigen meiner Pferde an guten Tagen so willkommen geheißen – ein Geräusch, das zumindest für diesen Tag die ganze Mühe und Arbeit, die bei der Versorgung anfällt, aufwiegt.

Das Blubbern hört man auch häufig, wenn es an die Fütterung geht. Wenn diese zügig und relativ stressfrei geschieht, bleibt es bei einem erwartungsvollen Blubbern. Je mehr sich die Pferde gestresst fühlen, gierig sind und schneller an ihre Futter wollen, desto heftiger werden die Lautäußerungen, bis hin zum penetranten Wiehern, das dann gerne noch mit ungeduldigem Schlagen gegen die Boxentür untermalt wird. Ein Verhalten, das man sehr häufig in größeren Pensionsställen erlebt, wenn die Pferde bereits in den Boxen stehen und der Futterwagen durch die Stallgasse fährt. In solchen Situationen kommt es auch sehr häufig zu aggressiven Ausfällen gegen den Boxennachbarn, da die Pferde offensichtlich um die ausreichende Zuteilung ihres Futters fürchten und so im Rahmen des Möglichen „kämpfen".

Prägende Momente
Das Blubbern ist der Laut, mit dem die Mutterstute ihr Fohlen auf sich prägt. Ich durfte das zwei Mal in meiner eigenen Herde erleben. Als das Konikfohlen Grazina zur Welt kam, hat sich doch tatsächlich meine Fjordstute Mali so intensiv um das Neugeborene gekümmert, dass es versuchte, bei ihr zu saugen und sie für ihre Mutter hielt – zumal die beiden erwachsenen Tiere auch noch dieselbe Farbe hatten. Schweren Herzens musste ich die beiden trennen und die echte Mutter Baschka und Grazina für einige Tage separat stellen, damit sie in Ruhe und ohne Malis Einmischung ihre Mutter-Tochter-Bindung aufbauen konnten.
Auch danach blieb das Trio unzertrennlich, und Mali ist seitdem eine echte Ersatzmama für Grazina. Allerdings wird auch Baschka von ihr zärtlich angeblubbert, wenn diese auf den Paddock zurückgeführt wird – ein Zeichen tiefer Verbundenheit.

Ein typisches „Wiehergesicht" mit geschlossenen Lippen, mit dem das Pony stressfrei nach einem Kumpel ruft.

Wiehern

Das Wiehern ist der geläufigste Ruflaut, den die Pferde untereinander anwenden. Es findet immer dann statt, wenn die Pferde sich nicht mehr so gut miteinander verständigen können, entweder weil die Entfernung zu groß ist, oder weil etwas zwischen ihnen steht, wie eine Stallwand oder Hecke, oder sie sich nicht mehr im Blick haben, zum Beispiel bei Turnieren. Es ist fast immer Ausdruck innerer Unruhe – sei es, weil der beste Kumpel weg ist (auch wenn das nur für einen kurzen Ausritt der Fall ist), sei es, weil sie sich im wahrsten Sinne „verspielt" und nicht mitbekommen haben, dass der Rest der Herde längst auf ein anderes Weidestück gezogen ist. Dann wird kurz gewiehert und schnellstmöglich wieder Anschluss gesucht.

Bleibt ein Pferd allein auf einem Weidestück zurück, während die anderen hereingeholt werden, wird es fast immer den Kumpeln hinterherwiehern. Eine Situation, die man eigentlich vermeiden sollte. Denn als Herdentier sollte ein Pferd nie allein zurückgelassen werden. Je nach Unsicher-heitsgrad des Tieres kann es sich in eine Art Hysterie steigern. Die Folgen können Sprünge über den Zaun sein oder dass es sich vom führenden Menschen losreißt, wenn dieser es dann endlich auch holt. So mancher Unfall hätte verhindert werden können, wenn man die Herdentiere nicht gedankenlos allein gelassen hätte. Derjenige, der mit so einem verunsicherten Pferd umgehen muss, benötigt genügend Führungspotenzial und Sachverstand, um dem Pferd Sicherheit zu geben, sodass es bei ihm bleibt.

Kommt man zum Stall zurück, sind es fast immer die zurückgebliebenen Pferde, die dem Heimkehrer freudig entgegenwiehern, während die Reittiere still bleiben. Ein gutes Zeichen für das Mensch-Tier-Verhältnis, denn das bedeutet, dass der Reiter so viel Souveränität besitzt, dass das Pferd sich auf ihn und die zu erfüllende Aufgabe konzentriert und nicht sein eigenes, triebgesteuertes Programm abspult. Das kann man leider besonders häufig bei Hengstreitern beobachten, die ihre Pferde nicht wirklich auf sich konzentrieren können und nicht

Schon eher ein forderndes, aber nicht aggressives Wiehern dieses Hengstes mit weit geöffnetem Maul, aber noch ohne sichtbare Hengstzähne.

unter ihrer Kontrolle haben. Die Tiere schmettern laut durch die Halle oder über das Gelände, um auf sich aufmerksam zu machen. Der Beginn eines ritualisierten Verhaltens, bei dem immer ähnliche Verhaltensmuster nacheinander abgespult werden, die in den meisten Fällen ausschließlich dem Imponieren von Rivalen und Stuten dienen. Dies hat jedoch im Umgang mit dem Menschen nichts zu suchen. Dem Wiehern folgt dann oft ein Ausschauhalten nach dem anderen Pferd, Imponierhaltungen in Form eines angespannten, angehobenen Halses und Kopfes, wobei die Spannung sich durch den gesamten Körper zieht, von den gespitzten Ohren bis zum abgestellten Schweif. Wenn der Mensch sich bis dahin nicht als Chef bemerkbar gemacht hat, läuft er Gefahr, als passiver Passagier auf dem Rücken zu fungieren.

Pferde wiehern fast immer, wenn ein fremder Artgenosse gehört oder gesehen wird. Das Wiehern dient auch als Erkennungslaut, da man herausgefunden hat, dass Pferde sich an der Stimme individuell erkennen können.

Treffen zwei Hengste aufeinander, kann das Wiehern zu einem wahren Trompetenstoß ausarten, bei dem das Maul weit aufgerissen wird, die Zähne allerdings bedeckt bleiben. Anders beim aggressiven Drohschrei, bei dem sich auch die Zähne ent-

blößen. Hengste reagieren ebenfalls lautstark, wenn sich eine rossige Stute entfernt oder nähert. Auch wenn das fordernde Wiehern eher zum Repertoire der Hengste gehört, findet in reinen Stutenkämpfen eine Art markerschütternder Kampfschrei statt, bei dem die Kontrahentinnen mit dem Hinterteil zueinander stehen und mit aller Wucht auf die Rivalin einschlagen. Eine sehr martialisch anmutende Szene, die doch meist glimpflich ausgeht, da die Hinterhand gut bemuskelt ist. Pferde entwickeln erst im Lauf ihres Lebens ihre volle Stimme beim Wiehern. Im Fohlenalter ähnelt das Rufen nach der Mutter noch einem hohen Kreischen, wobei die Mutterstute je nach ihrer Souveränität und abhängig vom Alter des Fohlens mehr oder weniger laut antwortet. Ungefähr mit dem zweiten Lebensjahr kommen die Jungpferde in eine Art Stimmbruch und entwickeln die tieferen Töne.

Entscheidend für die Stimmlage ist auch der emotionale Zustand. Je aufgeregter oder ängstlicher die Pferde sind, desto höher wird der Laut und kann sich zu einem regelrechten Angstschrei ausweiten.

Angstvolles Wiehern mit aufgerissenem Maul und stark geweiteten Augen.

Waffenschau

Verhaltensforscher haben herausgefunden, dass die typische seitliche Aufwölbung des Mauls beim Imponier- und Begrüßungswiehern ursprünglich dazu diente, den Hengstzahn zu entblößen und so dem Kontrahenten von Anfang an Stärke zu demonstrieren. Gebissen wurde allerdings schon immer vor allem mit den Schneidezähnen, die Hengstzähne verstärken das Ganze nur.

Quietschen

Das hohe Quietschen hört man fast immer, wenn eine Stute mit im Spiel ist. Zumeist dann, wenn sich zwei fremde Pferde beschnuppern. Erst senken sie die Köpfe, beschnuppern sich am Maul, und dem folgt fast immer ein Ausschlagen mit den Vorderbeinen bei gleichzeitigem Quietschen. Meiner Beobachtung nach ist es eher die rangniedrigere Stute, die den hohen Ton von sich gibt. Wegen der folgenden Aktion der Vorderbeine sollte man niemals dazwischenstehen oder zu nah dran. Sind sich die Damen nicht sympathisch, können sie sich auch blitzschnell umdrehen und ausschlagen. Nähert sich ein Hengst der rossigen Stute und ist etwas zu aufdringlich, antwortet die Stute meist mit einem leisen hohen Quietschen. Bleibt er trotzdem zudringlich, kann es auch zu einem hohen Kampfschrei ausarten, bei dem man eher Schweine als Pferde als Verursacher vermutet. Wer eine gemischte Herde erlebt, hört diese Töne mehrfach im Jahr, wenn die Stuten rossig werden und sich ein oder zwei paarungswillige Wallache mit in der Herde befinden.

Grunzen und Stöhnen

Dabei handelt es sich um Laute, die artübergreifend auftreten – genau wie Husten und Niesen. Ob bei großen Schmerzen während der Wehenaustreibungsphase, bei Stürzen und Verletzungen oder beim Deckakt kann man Pferde grunzen und stöhnen hören. Manchmal auch dann, wenn sie sich unter dem Reiter besonders anstrengen und konzentrieren. Leider verfügen Pferde nicht über differenziertere Schmerzlaute, wie zum Beispiel der Hund mit seinem Winseln und Jaulen. Wäre dem so, wäre es in manchen Ställen und Reitarenen ziemlich laut, und wir Menschen müssten vieles, was wir mit unseren Pferden anstellen, von Grund auf überdenken. So bleibt uns nur, die anderen Signale zu lernen, die Schmerz und Unlust ausdrücken.

Schnauben und Schnorcheln

Dabei gibt es diverse Abstufungen und Ausführungen. Zum einen das entspannende Abschnauben der Pferde, wenn sich eine angespannte Situation als harmlos erweist. Am deutlichsten ist das sicherlich unter dem Sattel zu spüren, wenn die lösende Arbeit das Pferd in die Entspannung bringt und es mehrfach und tief abschnaubt. Dabei entsteht eine ähnliche Wirkung auf Körper und Psyche wie bei uns Menschen, wenn wir tief ein- und ausatmen. Dabei heben und senken sich die Rippenbögen und es findet ein An- und Entspannen der Bauchmuskeln statt, was sich wieder direkt auf die Rückenmuskulatur auswirkt.

Aber es gibt auch das akzentuierte, harte Schnauben vor unbekannten Objekten oder im Springparcours. Es wird vermutet, dass die Pferde so Schallwellen erzeugen, mithilfe derer sie sich besser im Raum orientieren können. Wie auch immer: Für den Menschen bedeuten diese kurzen harten Schnauber, dass das Pferd sehr erregt und fluchtbereit ist.

Hengste stoßen eine Art Schnobern oder Schnorcheln aus, wenn sie die Stute in extremer Imponierhaltung umwerben.

> **Nachahmungseffekt**
> Man kann sein Pferd tatsächlich durch deutlich hörbares Ein- und Ausatmen und eine Art imitiertes Abschnauben mit den Lippen auf den eigenen Atemrhythmus einstellen und beruhigen. Deswegen ist es so wichtig, im Umgang mit dem Pferd auf seine eigene Atemtechnik zu achten und nicht vor Aufregung zu vergessen, Luft zu holen.

Entspanntes Abschnauben beim Dösen oder nach Bewegung.

Aufgeregtes Schnauben, bei dem der Atem stoßweise herausgeprustet wird.
Es dient vermutlich der Orientierung.

Verhaltensmuster der Pferde untereinander

Das Verhalten der Pferde untereinander ist natürlich abhängig davon, ob sie sich in ihrem normalen Alltagsleben oder in Ausnahmesituationen befinden. Manchmal fällt es uns Menschen schon schwer festzustellen, was eine Ausnahmesituation sein kann und was nicht. Wie sehr man ein Pferd allein durch den Eingriff in sein Alltagsleben oder das Zusammenführen mit neuen Weidenachbarn aus dem Konzept bringen kann, ist den meisten Zweibeinern nicht bewusst. Deswegen finde ich es an dieser Stelle sehr wichtig, einmal den Herdenalltag und Tagesablauf eines Pferdes genauer zu betrachten.

Herdenalltag

Wie viel Aktion und Bewegung es in einer Pferdeherde gibt, hängt ganz von ihrer Zusammensetzung ab. Die gängigste Haltungsform ist heute die Boxenhaltung mit mehrstündigem Weidegang im Sommer beziehungsweise Paddockaufenthalt im Winter. Auch wenn diese Haltung für den Menschen sicherlich die praktikabelste ist, heißt es nicht, dass sie für das Pferd auch die beste sein muss. Mittlerweile gibt es immer mehr kompetent geführte Offen- und Aktivställe, die die Bedürfnisse des Pferdes nach Herdenverband und Bewegung sicherlich mehr befriedigen. Allerdings schränken sie die Flexibilität des Reiters ein, da in solchen Stallsystemen eine Integration schwieriger ist und eventuelle Stallwechsel somit gut überlegt sein wollen. Außerdem leben viele Offenstallpferde ihr Bewegungsbedürfnis bereits mit den Kollegen aus. Holt man sie dann zum Reiten, können sie eher unmotiviert wirken. Im Gegenzug sind viele Boxenpferde oft recht schwer zu handhaben, da sie ihrem Bewegungsdrang nur ungenügend nachgehen können. So kommt es zu ungezogenem Verhalten am Anbinder, Zappeleien, Drängeln und Stürmen beim Führen. Unter dem Sattel wird dann gern mal gebuckelt. Da muss der Mensch selbst entscheiden, was ihm wichtiger ist: ein 24 Stunden zufriedenes Pferd oder eines, für das er eine Stunde am Tag das Highlight ist. Und das sich unter Umständen erst mal auf Kosten des Reiters Luft verschaffen muss …

Aktivställe

Sogenannte Aktivställe sind in letzter Zeit sehr in Mode gekommen. Dabei ist das Areal für Pferde in Schlaf-, Fress-, Trink- und Ruhezonen aufgeteilt, sodass die Bewohner dazu animiert werden, sich ständig von einem Platz zum anderen zu bewegen, um ihre Bedürfnisse zu befriedigen – aktiv zu sein. Oft sind sie auch mit Futterautomaten ausgestattet, sodass eine ständige Zufuhr von kleinen Futtermengen gewährleistet sein soll. In der Theorie ist diese Haltungsform sehr gut. Ihr gesundes Funktionieren hängt aber entscheidend von der Kompetenz der Betreiber in der Herdenzusammenstellung ab. Die Gruppe darf nicht zu groß sein und muss gewährleisten, dass auch das rangniedrigste Pferd jederzeit an sein Futter kommen kann.

Während des Grasens bei beschränktem Weidegang kommt es kaum zu spielerischen Aktivitäten, da die knapp bemessene Zeit lieber zur Futteraufnahme genutzt wird. Aber auch im Winter, wenn kein Futter zur Verfügung steht, sieht man oft nur gelangweilt herumstehende Pferde auf den Ausläufen.

Ich habe die Erfahrung gemacht: Je größer die Pferde sind, desto weniger Spieltrieb zeigen sie. Bei mir sind es die kleinen Shettys, die immer wieder für Aktivität sorgen – dann allerdings die Großen durchaus animieren können. Auch in anderen Ställen gibt es die Beobachtung, dass

Das fast schon zärtliche Beknabbern der Maulpartie dient als Einladung zum Spiel.

Pferde, die größer als 160 Zentimeter sind, in der Regel weniger Spieltrieb zeigen als die kleineren, wendigeren Ponymixe oder iberischen Pferde.

Je mehr die Gruppe vom Alter her gemischt ist, desto lebhafter geht es zu. Die Jüngeren spielen nicht nur mehr untereinander, sondern animieren auch die etwas trägeren Älteren zum Mitmachen. Wobei jede Regel von der Ausnahme bestätigt wird: Natürlich gibt es sehr agile alte und große sowie träge junge Pferde ...

Auch die Herdenzusammenstellung nach Geschlecht hat ihren Einfluss. Wallache spielen mehr, vor allem Rangel- und Verfolgungsspiele, während es auf Stutenweiden wesentlich gesitteter zugeht, meist in Form von gegenseitiger Fellpflege. Sie bewegen sich oft nur beim Weideauftrieb oder in ganz jungen Jahren in schnelleren Gangarten. Nach Stuten und Wallachen getrennte Herden bringen mehr Ruhe in den Bestand, da es keine Rivalitäten zwischen den einzelnen Pferden gibt – man nimmt schlicht den Sexualtrieb heraus, der andernfalls für viele Spannungen, aber auch für Stimmung sorgen kann. Es gibt immer wieder Wallache, die Stuten

besteigen. Manchmal sind Verletzungen der Haut und des Rückens die Folge, von der Scheidenhygiene mal ganz abgesehen. In meiner Herde lasse ich das dennoch zu, da ich nur in Ausnahmefällen Neuzugänge habe. Ich genieße es sehr, die regelrechten Liebschaften einiger Ponys miteinander zu beobachten. Es entstehen feste Paare, die sich nicht von der Seite weichen, wenn es irgend geht.

Entscheidend für die Bewegungsfreude in einer Herde sind natürlich auch die Bodenbeschaffenheit und Größe des Auslaufs: Auf einer rutschigen, kleinen, quadratischen Matschkoppel mag sich kein Vierbeiner gern bewegen. Je ungewöhnlicher und länglicher der Auslauf ist, am besten noch mit unterschiedlichem Bodenangebot, eventuell mit Baumstämmen unterbrochen, desto mehr Bewegungsanreize bietet er. Draußen ist nicht gleich draußen: Als Pferdebesitzer sollte man schon schauen, wie das Pferd außerhalb der Box untergebracht ist.

Kniespielereien, bei denen es darum geht, dem anderen in die Vorderbeine zu zwicken.

Enge Freundschaft im Wachen und im Dösen. Diese drei sind in fast jeder Lebenslage unzertrennlich.
(Foto: Daniela Bolze)

Freundschaften

Es kann oft viele Monate oder sogar mehr als ein Jahr dauern, bis Ponys und Pferde echte Freundschaften eingehen – manchmal passt es einfach gar nicht in einer Herde. Freundschaften halten mitunter ein Leben lang, und man sollte sich als Pferdebesitzer gut überlegen, ob man sie trennt, weil dem Menschen etwas in dem Stall nicht gefällt, obwohl die Haltungsbedingungen für das Pferd gut sind. Genauso, wie man meines Erachtens einen neuen Stall mit anderen Pferdekollegen suchen muss, wenn das Pferd auf Dauer isoliert bleibt.

Entscheidend für so eine Pferdeliebe kann neben dem Geruch und der schlichten Sympathie füreinander auch die Fellfarbe und das Alter sein – muss aber nicht. Erfahrungsgemäß finden Sonderfarben wie Schimmel und Schecken schwerer Freunde, weswegen man bei der Herdenzusammenstellung wenn möglich darauf achten sollte, dass es mehrere davon gibt. Auch die Rasse kann von Bedeutung sein. So gelten Islandpferde als ziemliche „Rassisten", die es fremden Pferden schwer machen können, sich zu integrieren.

Spannenderweise gibt es bei mir leichter Freundschaften zwischen Wallachen und Stuten als zwischen Stuten und Stuten. Die Damen sind in der Wahl ihrer echten Freundinnen sehr kritisch, da anscheinend Konkurrenz eine Rolle spielt, während sie sich gern von einem festen Wallachfreund begleiten lassen und mit ihm Fellpflege betreiben. In diesen Freundschaften kommt es gar nicht mal zu sexuellen Handlungen, sondern es ist ein ständiges Nebeneinander. Bei Stuten habe ich so ein enges Verhältnis erst einmal erleben dürfen.

Je kleiner die Ponys sind, desto leichter fällt es ihnen häufig, sich in fremden Herden zu integrieren. Ob es daran liegt, dass sie von den Großen nicht so ernst genommen und als weniger aggressiv eingestuft werden? Ich weiß es nicht. Es wäre auf alle Fälle auch ein Trugschluss, da es häufig die Kleinen sind, die die Großen bis zur Weißglut piesacken und in einer daraus folgenden Auseinandersetzung durch ihre größere Wendigkeit die Oberhand behalten.

Klein, aber oho: Hier ist ganz eindeutig der Kleine der Aggressor.

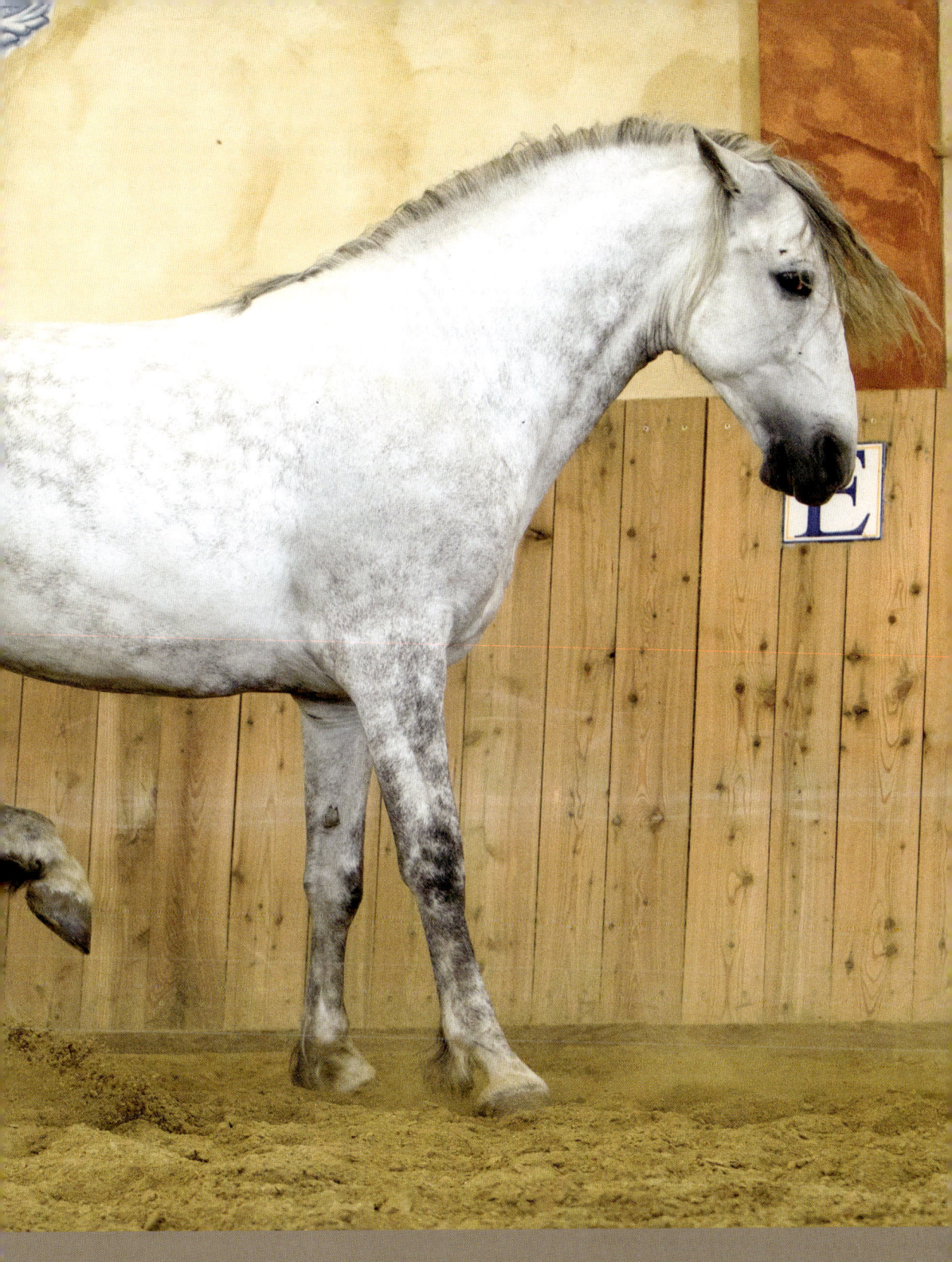

Nur Pferde, die sich mögen, machen miteinander das Fellkraulen – vor allem an den Stellen, an die die Tiere selbst nicht so gut rankommen: Widerrist und Kruppe.

Freundschaftsreigen
Freundschaften können fließende Übergänge ha-
ben. Lange Jahre war Shetty Brownie geradezu
verliebt in Fjordstute Mali. Als die aber in der Ko-
nikstute Baschka endlich eine echte Freundin fand
und nur noch mit ihr zusammenstand, musste

Brownie weichen. Er trauerte nicht lange, sondern
schloss sich sofort der schönen Pretty an, die er seit-
dem nicht mehr aus den Augen lässt. Auch zwi-
schen meinen Jungs gibt es feste Freundschaften –
zum Teil sogar zu dritt.

Meist hängen sich rangniedrigere Ponys an einen Ranghöheren und sind deutlich verunsichert und in ihrer Position in der Herde geschwächt, wenn der Boss zum Arbeiten vom Paddock geholt wird und so keinen Schutz mehr bietet.

Fast jeder kennt eine rührende Geschichte von engen Pferdefreundschaften, bei denen die Vierbeiner ohneeinander nicht mehr konnten, bis hin zu dem Pony, das seinem blinden Pferdefreund nicht von der Seite wich und ihm so die Augen ersetzte. Eng befreundete Pferde weichen sich so gut wie nie von der Seite. Sie ruhen, fressen und dösen nebeneinander. Wenn möglich gehen sie sogar zur selben Zeit zur Tränke. Wird ein Pferd von der Weide oder dem Paddock genommen, kann man beobachten, wie das zurückbleibende regelrecht wartet. Kommt der Kumpel dann zurück, wird er bereits am Tor in Empfang genommen, kurz begrüßt und man geht wieder gemeinsam seines Weges. Zwischen diesen Tieren findet besonders intensive Fellpflege statt.

Tagesablauf und Verhalten

So ein Pferdealltag ist viel straffer organisiert, als man es sich als Pferdehalter oftmals vorstellt. Da ich das große Vergnügen – und manchmal auch die Last – habe, meine Ponys rund um die Uhr versorgen und beobachten zu können, kann ich vielfältige Tagesphasen miterleben. Der Alltag wird natürlich maßgeblich von uns Menschen beeinflusst. Dadurch, wie lange wir die Weidezeiten gestalten, wann wir Raufutter geben oder mit ihnen arbeiten wollen.

In den ganz frühen Morgenstunden finden nach Sonnenaufgang noch vor der Fütterung oft ausgiebige „Spielstunden" statt, in denen die Pferde nicht nur sämtliche Pferdeäpfel zerkrümeln, die sich auf dem Paddock befinden, sondern sich geradezu „warm spielen".

Nach der Morgenfütterung wird ausgiebig Wasser aufgenommen und danach geruht. Auch beim Trinken gibt es eine klare Abfolge, bei der der Chef immer zuerst drankommt und die Ponys sich dann der Rangfolge nach anstellen müssen. Die Ruhephase am Morgen ist relativ kurz, wenn die Ponys mit Heu gefüttert werden. Gegen 11 Uhr kann man dann eine erneute Spielrunde beobachten, die aber wesentlich ruhiger ausfällt als in den frühen Morgenstunden. Je kälter der Wind ist, desto mehr Aktivitäten gibt es, allein um sich warm zu bewegen, weswegen ein ausreichend großer Auslauf so immens wichtig ist. Stehen die Pferde vormittags auf der Weide, widmen sie sich ausschließlich der Futteraufnahme, unterbrochen nur vom Gang zum Wasser. Kommen die Ponys mittags rein, wird ausführlicher geruht – wesentlich länger als am Morgen. Da ich bei mir ab 15 Uhr Reitbetrieb habe, sind die Pferde dann notgedrungen zu Aktivitäten gezwungen. An unterrichtsfreien Tagen kann ich aber beobachten, dass das „Chillen" durchaus bis in die späten Nachmittagsstunden gehen kann. Unterbrochen wird es immer wieder von kleineren Ortswechseln, je nachdem, wie der Schatten wandert. Erst gegen 17 oder 18 Uhr zeigen sich erneut Spielaktivitäten. Boxenpferde sind um diese Uhrzeit längst schon wieder im Stall.

Bei mir wird gegen 19 Uhr die Abendmahlzeit gegeben. Danach kehrt meist Ruhe in der Herde ein, die sich auch während der Nacht kaum auflöst. Erst bei beginnender Dämmerung wird auch das Leben in der Herde wieder aktiver.

Die geschilderten Phasen des Tagesablaufs beschränken sich nicht nur auf meine Herde, sondern wurden auch von Verhaltensforschern und anderen Stallbetreibern beobachtet. Natürlich werden die einzelnen Aktivitätsphasen durch den vom Stall vorgegebenen Alltag beeinflusst. Lässt man den Pferden auf einer Weide freie Wahl, können die Ruhezeiten bis zu neun Stunden betragen. Der Rest teilt sich dann in Fresszeiten und Spiel- beziehungsweise Fellpflegeaktivitäten.

Fressen

Futterneid spielt bei Pferden eine wichtige Rolle. Wie stark er ausgeprägt ist, hängt maßgeblich davon ab, wie beschränkt die Ressource Futter vorhanden ist. Auf einer riesigen Weide mit ausreichend schmackhaftem Gras wird es kaum zu gegenseitigen Übergriffen kommen. Ganz anders in einer Boxengasse zur Fütterungszeit. Da werden die Ohren angelegt, gegen den viel zu nah stehenden Boxennachbarn mehr oder weniger heftig gedroht, mit den Vorderbeinen gegen die Tür gebollert und teilweise sogar gefährlich nach dem Fütternden gebissen.

Grundsätzlich nimmt sich das ranghöchste Tier das Recht heraus, als Erstes an die Futterquelle zu gelangen. Bei mir wird das Futter in sechs großen Treckerreifen verteilt. Wenn ich mit der voll beladenen Heukarre in den Paddock fahre, sind die stärksten Tiere ganz vorn mit dabei. Chef Eric bleibt gleich am ersten Reifen mit seinen engen Verbündeten stehen, während der Rest warten muss, bis auch die anderen Reifen befüllt sind. Dann allerdings geht Eric von Reifen zu Reifen, um zu überprüfen, ob es in einem anderen vielleicht noch schmackhafteres Fressen gibt. Jeder „Reifenwechsel" bringt eine ganze Abfolge von Bewegungen mit sich, da die vertriebenen Ponys wieder zu einem anderen Reifen gehen und dort die noch unter ihnen stehenden Ponys vertreiben, die dann wieder wechseln und dort andere vertreiben. Es dauert eine Zeit, bis sich diese Unruhe gelegt hat und jeder ungestört fressen kann. Erst wenn das Futter knapp wird, kommt es zu neuer Bewegung.

Die absolute Hierarchie beim Fressen macht es so wichtig, genügend Fressstellen zu installieren, an die die rangniedrigeren Tiere ausweichen können. Am besten ist ein Platz mehr, als es Tiere gibt, da die Pferde wie beschrieben gern die Fressplätze wechseln. Auf alle Fälle sollten die Pferde die Möglichkeit haben – egal welchen Rang sie bekleiden –, von Anfang an Zugang zur Fressstelle zu haben, ohne Gefahr zu laufen, verletzt oder eingekeilt zu werden.

Gefährliche Leckerchen

Wenn man als Pferdebesitzer seine Tiere mit Leckerchen begrüßt, wird man fast immer erleben, dass sie dem Zweibeiner dabei mit angelegten Ohren entgegenkommen. Diese gelten nicht dem Menschen, sondern den anderen Herdenmitgliedern als Abschreckung und Warnung, sich ja nicht an diese kostbare Futterquelle zu trauen. Das kann im Eifer des Gefechts aber auch für den Menschen sehr gefährlich werden.

Gemeinsam in der Herde auf einer satten Weide zu grasen, ist das Pferdeparadies – ganz besonders, wenn dann auch noch die Sonne scheint.

Die angelegten Ohren signalisieren erste Kampfbereitschaft um die Leckereien, die die Frau in den Händen hält. Das kann schnell zu einer Beißerei zwischen den Pferden ausarten. Gut, wenn der Mensch dann nicht dazwischengerät …

Trinken

Beim Trinken gibt es mehrere Phasen: Zuerst kann man Kaubewegungen beobachten oder auch das Heraushängen-Lassen der Zunge, womit wahrscheinlich die Temperatur und Qualität des Wassers geprüft werden soll. Bcim Trinken erzeugen Pferde durch das Öffnen der Kiefer bei gleichzeitig geschlossenen Lippen einen Unterdruck im Maul, um so das Wasser hochzuschlürfen – ähnlich wie Menschen, die mit einem Strohhalm trinken. Pferde können das Wasser im Mundraum sammeln, unter anderem, um es der Körpertemperatur anzupassen, was ich sehr deutlich bei meiner Fjordstute Hanne lernen durfte. Sie

hielt das Wasser noch sehr lange im Maul. Gab ich ihr in solchen Momenten unbedacht ein Leckerchen, ergossen sich regelmäßig Wassermengen über meine Hand.

Beim Saugen kann man wunderbar die Saugbewegung an den Ohren beobachten. Pferde saugen etwa fünf bis sechs Mal (das entspricht ungefähr einem Liter Wasser) bevor sie abschlucken. Unterbrochen wird das Trinken sehr häufig vom Anheben des Kopfes und dem Absichern der Umgebung, denn die Wasserstellen waren in der Urzeit die Orte, an denen die meisten feindlichen Raubtiere lauerten. Dieses Gefahrenbewusstsein ist auch heute noch in unseren Hauspferden verankert.

Auch beim Trinken gibt es eine klare Reihen- und Rangfolge

Pferde haben einen ganz individuellen Wasserbedarf, der auch von der Außentemperatur, den körperlichen Aktivitäten und dem Gesundheitszustand des Tieres abhängt. Man sollte darauf achten, dass die Selbsttränken gerade bei Ponys nicht zu hoch angebracht sind, da niedrige Tränken der Anatomie des Pferdes entgegenkommen. Ein Pferd, das keine Selbsttränken kennt, muss zunächst lernen, damit umzugehen. Entweder, indem man es mit Selbsttränke-erfahrenen Pferden zusammenstellt, sodass es abgucken kann, oder aber, indem man es immer wieder vorsichtig heranführt und selbst mit der Hand die Tränke betätigt, bis das Pferd irgendwann die Initiative von sich aus übernimmt. Manchmal hilft auch ein Möhrenstück in der halbvollen Tränke, um das Pferd dazu zu animieren, das Maul dort hineinzustecken. Beim ersten Zischen der nachlaufenden Tränke weicht es meist wieder zurück, gewöhnt sich aber bald daran. Während dieser Lernphase muss man unbedingt mit Eimern tränken, damit die ausreichende Wasserzufuhr gewährleistet ist. Viele Pferde lieben es, mit dem Wasser zu spielen.

Wird es in größeren Behältern angeboten, tauchen sie den Kopf halb unter, schlabbern und prusten ins Wasser, bevor sie anfangen zu trinken. Neben dem spielerischen Aspekt kann das auch der Kontrolle dienen.

Ruhen

Das Ruhen kann im Stehen geschehen, in Brustlage kauernd oder auf der Seite liegend, abhängig vom Wetter und der Bodenbeschaffenheit. Pferde können sich durch eine besondere Beschaffenheit ihrer Vordergliedmaßen auch im Stehen entspannen, man kann es als eine Art Dösen bezeichnen. Durch den bereits beschriebenen, kompliziert konstruierten Sehnen- und Bandapparat kann die Muskulatur der Hinterbeine völlig regenerieren. Anders die Vorhand. Hier muss immer der *Triceps brachii* angespannt bleiben, damit die Vorderbeine nicht zusammenklappen. Deswegen müssen sich Pferde immer wieder hinlegen, um alle Muskeln zu regenerieren.

Sämtliche Ruhepositionen auf einem Bild: richtig liegend, kauernd mit und ohne aufgesetztem Maul, schildernd und normal stehend.

Auch beim Liegen gibt es diverse Abstufungen. Sie können vom Kauern mit angehobenem Kopf oder auch mit dem Maul aufgestütztem Kopf (dabei entstehen im Stroh regelrechte kleine Nester) bis hin zum flachen Liegen auf der Seite mit weggestreckten Beinen gehen. Letzteres passiert nur dann, wenn das Pferd sich in seiner Umgebung wohl und sicher fühlt oder wenn es ernsthaft krank ist und Schmerzen hat.

Beim Dösen und in Kauerstellung nehmen die Pferde durchaus noch Außenreize wahr, was man an Ohr- und Schweifaktivität erkennen kann. Anders beim Tiefschlaf, da sinken die Pferde in ähnliche Zustände wie wir Menschen, und man kann sogar Lauf-, Saug- und Wieherbewegungen erkennen, die eindeutig auf ein Traumverhalten hinweisen. Im Schlaf atmen die Pferde tief und gleichmäßig, und es kann sogar zum Stöhnen und Grunzen kommen, vor allem kurz vor dem Aufwachen. Werden sie durch Berührung geweckt, kann man beobachten, wie erst der Atem flacher wird und sie schließlich die Ohren und Augen bewegen, bevor sich der Kopf hebt. Diese Tiefschlafphase erleben

Menschen bei ihren Pferden leider nur sehr selten, da der normale Pensionsstallalltag sehr unruhig ist und während der Nacht meist Stallruhe herrscht. Das Hinlegen bedeutet für das Pferd einen ziemlichen Kraftaufwand, da es keine sehr bewegliche Wirbelsäule hat. Es stellt die Beine unter seinem Körper enger zusammen, was eine so immense Kraftanstrengung ist, dass die Muskeln anfangen können zu zittern. Schließlich knickt es mit den Vorderbeinen ein, um sich zuletzt zu einer Seite abzurollen. Hoch tragende Stuten lassen sich deswegen manchmal ruckartig zur Seite plumpsen, und kranke Tiere verzichten aus diesen Gründen manchmal sogar lieber auf ein Hinlegen, als diese Anstrengungen auf sich zu nehmen – vor allem, wenn sie Verletzungen an den Beinen haben. Zum Aufstehen werden beide Vorderbeine nach vorn vor die Brust gestreckt, die Hinterhand unter den Rumpf geschoben und das Pferd nimmt mit dem Kopf Schwung, um sich erst auf die Vorderbeine und dann schließlich mit einem Ruck auch auf die Hinterhand zu stellen.

Von Wasserscheu keine Spur: Mit einem Schlagen der Vorderbeine auf die Wasseroberfläche werden das Wasser und die Bodenbeschaffenheit geprüft, bevor das Tier sich hinlegt. Manche Pferde scheinen es geradezu zu lieben, wenn das Wasser dann hoch aufschlägt und um sie spritzt.

Wälzen

Das Wälzen – vor allem auf sandigen Böden – ist wichtiger Bestandteil des Verhaltensrepertoires in einem Pferdeleben. Es muss allerdings erst vom Fohlen gelernt werden und hat häufig ansteckende Wirkung auf die Herdenkollegen.

Zum einen wälzen sich die Pferde zur Hautpflege, weswegen sie Sandboden bevorzugen. Der setzt sich im nassen Fell fest, bindet die Feuchtigkeit und kann dann später durch einfaches Schütteln wieder aus dem Fell entfernt werden. Die Folge: Das Pferd trocknet schneller. Denn es ist überwiegend die Nässe, sei sie durchs Schwitzen beim Reiten und Toben oder durch Regen entstanden, die das Pferd stört. Auch Hautparasiten können zu vermehrtem Wälzen verleiten.

Ganz oft gehört es als Abschluss zu einem entspannten Sonnenbad, bei dem man sich hinterher noch einmal ausgiebig wälzt und schubbert, indem die Pferde, während sie auf dem Rücken liegen, wellenartige Bewegungen machen, mit denen sie sich den Rücken kratzen.

Beim Wälzen laufen die gleichen Bewegungsabläufe ab wie beim Hinlegen, nur dass das Pferd, sobald es auf der Seite liegt, mit den Beinen Schwung holt und versucht, sich einmal um seine eigene Achse zu drehen. Im Normalfall sollte sich das Pferd beim Wälzen einmal über seinen Rücken drehen können. Klappt es nicht, ist der Boden entweder zu tief oder abschüssig, das Pferd ist schlicht zu dick und kommt nicht über seinen gewölbten Bauch rüber, oder es ist zu alt und schwach.

Vermutlich ist das Wälzen auch Teil des Territorialverhaltens. Wenn ich den Freilauf meiner Einstellerpferde, die nicht in meine Herde integriert sind, für meine Ponys zum Durchqueren für den Weidegang öffne, kann ich immer wieder beobachten, wie sich vor allem Chef Eric im „fremden" Auslaufsand wälzt – obwohl er wenige Meter weiter genau dieselben Bodenverhältnisse in seinem eigenen Auslauf hat.

Wälzorgien
Es gibt Pferde, die sich auch leidenschaftlich gern in großen Pfützen und Wasserstellen wälzen. Da heißt es dann schnell sein als Reiter, denn nicht immer bahnt sich das Hinlegen durch Schlagen oder Scharren mit den Vorderbeinen an, wie im Normalfall. Damit überprüft das Pferd den Untergrund und befindet ihn für wälztauglich.
Mein Ponymix Hansl bricht allerdings ohne irgendeine Vorwarnung mit den Vorderbeinen zusammen und liegt, plumps!, im Wasser – mit Reiter und Sattel –, egal zu welcher Jahreszeit. Seitdem meiden wir mit ihm große Wasseransammlungen beim Reiten ...

Das Pferd zeigt ein deutliches Schmerzgesicht: verengte Augen und Nüstern und ein verkniffenes Maul. Es leidet an einer Kolik und wälzt sich deswegen.

Genuss pur: geschlossene Augen, vorgestülpte Nase.

Es gibt aber auch noch das Wälzen als Folge von Bauchschmerzen und damit als wichtiges Indiz für eine beginnende Kolik. Wenn man genau hinsieht, kann man deutliche Unterschiede in den beiden Wälzausführungen beobachten. Beim genussvollen Fellpflege-Wälzen kugelt das Pferd mehrfach um seine eigene Achse, schubbert sich mit Hals und Rücken am Boden, steht danach zügig wieder auf und schüttelt sich. Bei dem Schmerz-Wälzen bleibt das Tier oft erst auf der Seite liegen und scheint in sich hineinzuhorchen. Hat das Hinlegen allein schon eine Schmerzlinderung gebracht oder noch nicht? Das anschließende Wälzen ist dann nicht ausgiebig und genussvoll, sondern sehr mechanisch. Die Tiere stehen danach sofort auf, oft schütteln sie sich nicht, um den Sand wieder loszuwerden, wie bei der Hautpflege. Einige bleiben ruhig stehen, hören innerlich in Richtung Bauch, schlagen mit dem Schweif und treten mit dem Hinterbein in Richtung Bauch. Das Gesicht drückt deutlich Schmerz aus. Bei besonders starken Schmerzen legen sie sich nach ein, zwei Schritten gleich wieder hin und wälzen sich erneut; einige überstrecken danach ihren Rücken, während sie flach auf der Seite liegen, was ebenfalls zur Entkrampfung des Bauchs führen soll. Selbst Tierärzte sind sich nicht darüber einig, ob man ein Pferd mit Koliksymptomen ungehindert wälzen lassen soll oder nicht. Schafft sich das Pferd damit Erleichterung oder verschlimmert es die Situation erst recht? Als Tierhalter ist man deswegen auf der sicheren Seite, wenn man das Tier zwar liegen lässt, ein Wälzen – ob kontrolliert oder gemäßigt – aber verhindert und stattdessen für ruhige Bewegung im Schritt sorgt, wenn es der Kreislauf des Pferdes zulässt.

Ausscheidungsverhalten

Zum Ausscheidungsverhalten gehören das Koten und Urinieren. Diese Aktivitäten haben eine entscheidende Funktion im Herdenleben und dienen dort zu weit mehr als nur zur Verdauung. Auch wenn es vielleicht nicht das angenehmste Thema ist, so gehört das Koten bei den Pferden ebenfalls zu den erwähnenswerten Verhaltensweisen. Der Kot dient den Pferden untereinander als Informationsquelle, wer sich wo aufgehalten hat. Vor allem Hengste informieren sich durch Beschnuppern der Kothaufen, welche Stute gerade rossig ist, da sich Spuren des Rossesekrets auch auf den Pferdeäpfeln befinden. So kann der Hengst – ohne durch das Abschlagen einer Stute gefährdet zu sein – riechen, wann es sich lohnt, ernsthafte Annäherungsversuche zu starten.

Naturgemäß interessieren sich eher männliche Tiere für die Ausscheidungen ihrer Weidegenossen, es kommt jedoch auch bei einigen Stuten vor. Wallache und Hengste zeigen oft auch auf der Weide und in der Box spezielles Kotverhalten. Durch das Markieren äpfeln sie oft an denselben Stellen, um so ein Revier abzustecken. In der Box kann das die immer selbe Ecke sein, was für denjenigen, der die Box ausmisten muss, natürlich von Vorteil ist. Dominante Tiere koten auf der Weide und dem Paddock gern über oder neben den Haufen der anderen Kollegen, um so ihren Revieranspruch zu festigen.

Über den Zustand des Kotes lassen sich für den Menschen auch jede Menge Informationen über den Gesundheitszustand des Pferdes ablesen: Ist der Kot zu fest, zu weich, zu hell, zu dunkel? All das spielt, abhängig von dem, was gefüttert wird, eine Rolle bei der Gesundheitskontrolle. Dass Durchfall und Kotwasser ein schlechtes Zeichen sind, weiß fast jeder. Aber auch zu fester und dunkler Kot kann auf eine Reizung des Magen-Darm-Trakts hinweisen und muss schnellstmöglich behandelt werden.

Es kann vorkommen, dass Pferde bei einer Unterversorgung mit Nährstoffen Kot fressen. Dann ist es allerhöchste Zeit abzuklären, welche Nährstoffe fehlen und die Qualität des angebotenen Futters zu überprüfen.

Nicht nur physische Zustände werden über den Kot vermittelt, sondern auch psychische. So neigen Pferde bei Aufregung zum vermehrten Koten. Das kann man bei Stress in der Herde beobachten, bei dem die Tiere manchmal sogar im Galopp während der Flucht äppeln, aber vor allem auch beim Hängerfahren. Viele Tiere tun dies bereits vor Aufregung beim Verladen.

Aber auch beim Reiten oder der Bodenarbeit ist ein häufiges Äppeln in der Bahn ein Zeichen für Aufregung, und man sollte als Reiter überdenken, ob das Pferd gegebenenfalls überfordert ist oder sich anderweitig unwohl fühlt: Schmerzen durch die Ausrüstung, gestresst durch die äußeren Umstände, weil es von den anderen Pferden getrennt ist oder körperlich oder seelisch überfordert ist.

Das Harnlassen hat bei Pferden keine ganz so wichtige Markierungsfunktionen wie das Koten, auch wenn manche männlichen Pferde über einem Kothaufen eines Konkurrenten ab und zu einige Tropfen Harn absetzen. Männliche Pferde schieben beim Urinieren die Hinterhand deutlich nach hinten hinaus und die Vorderbeine ein wenig nach vorn – fast wie eine Art Sägebockstellung bei Hufrehe. Diese Stellung erleichtert ihnen zum einen das Ausschachten des Penis, zum anderen bringt es die Beine weit weg von der spritzenden Urinquelle. Stuten wölben ihren Rücken auf und klappen das Hinterteil ein wenig nach hinten-un-

ten, um dann mit erhobenem Schweif zu urinieren. Wenn irgend möglich, wählen Pferde einen weichen, aufsaugenden Untergrund, um Harn abzulassen, da sie sich nur ungern vollspritzen.

Hängertherapie
Wenn man ganz sicher ist, dass ein Pferd am Beginn einer Verstopfungskolik ist und ansonsten vom Kreislauf her noch gut beieinander ist, kann eine kurze Fahrt mit dem Hänger Wunder bewirken. Meine Stute rettete es vor einigen Jahren, als meine Tierärztin im Stau festhing. Sie gab mir den Tipp, mit meiner hängererfahrenen Stute eine Runde ums Feld zu fahren. Als ich nach 15 Minuten wieder auf den Hof fuhr, lag ein schöner Kothaufen im Hänger und meine Stute wirkte sichtbar erlöst. Eine weitere Behandlung hatte sich erübrigt, als die Tierärztin dann nach zwei Stunden endlich auf dem Hof ankam. Aber Vorsicht: Es ersetzt keinen Tierarztbesuch und darf auch nur bei leichten Verstopfungskoliken als Mittel der Wahl gelten, bis der Tierarzt kommt.

Die typische Haltung beim Urinieren von Stuten: Breit gestellte Hinterhand und aufgewölbter Rücken.

Am Kot orientieren sich vor allem männliche Pferde um herauszufinden, wer vor ihnen dort war.

Begrüßungsrituale

Pferde, die in einem festen Herdenverband leben dürfen und nicht nur zu Fresszeiten gemeinsam auf eine Weide gelassen werden, stehen eigentlich ununterbrochen in einem stillen Dialog miteinander. Durch ihre Körperposition zueinander, das Ohren- und Schweifspiel sowie die Maulanspannung signalisieren sie untereinander ihre Befindlichkeiten. Dabei geht es fast immer um die Raumverteilung: Wer darf wo stehen und wer muss weichen?

Die Begrüßung von fremden, aber auch vertrauten Pferden erfolgt immer nach einem ganz bestimmten Ritual. Zunächst begegnen sich beide mit nach vorn gespitzten Ohren und neugierigem Gesichtsausdruck – noch überwiegen die optischen Signale. Wenn man sich sympathisch ist, das heißt keiner ansatzweise Drohgebärden zeigt, wird sich ausgiebig am Maul und schließlich an der Hals-Schulter-Partie beschnuppert. Bleibt nach wie vor alles friedlich, geht die nasale Erkundungstour bis zu den Flanken weiter. Anschließend werden das Euter beziehungsweise Geschlechtsorgane und die Schweifrübe geruchlich inspiziert. Meistens setzt spätestens dann ein Abwehrquietschen und Drohen ein, da sich fremde Pferde nur sehr selten auf Anhieb so sympathisch sind, dass keines von beiden versucht, das ranghöhere zu sein. Denn dieser Dominanzwunsch führt meistens sehr schnell zu Imponiergebaren, das ein weiteres friedliches Erkunden unmöglich macht. Im Extremfall folgt eine ausgiebige Schlägerei – bei Stuten mit einander zugewandter Hinterhand, bei Wallachen und Hengsten beginnend mit nach vorn ausschlagenden Vorderbeinen und Beißen in den Hals. Bei beiden Varianten der Auseinandersetzung sollte der Mensch tunlichst weit weg sein, damit er nicht zwischen die Fronten gerät. Auch der vermeintlich sichernd dazwischenliegende Zaun kann für schwere Verletzungen bei den Vierbeinern sorgen. Vor allem dann, wenn die Pferde mit der Vorhand ausschlagen und steigen.

Pferde in die Herde integrieren

Neue Pferde in eine Herde zu integrieren ist eine sehr knifflige Sache und erfordert viel Know-how und Fingerspitzengefühl. Um ein Verletzungsrisiko zu vermeiden, sollte man nicht nur einen Zaun dazwischenhaben, sondern zwei – in einem Abstand von mindestens einem Meter. So können sich die Pferde nicht zu nah kommen und sich erst mal optisch und geruchlich mit etwas Abstand kennenlernen. Gemeinsame, auf ein paar Stunden begrenzte Weidegänge oder Ausritte und andere Erlebnisse geben eine weitere Möglichkeit, sich näher kennenzulernen. Denn die aggressiven Attacken gegen Neulinge erfolgen zumeist in den Ruhe- und Spielphasen.

Dem ersten neugierigen Begrüßungsgesicht folgen dann je nach Sympathie Imponiergesichter mit weit geöffneten Nüstern, angespannten Backenmuskeln und sogar aufgerissenem Maul. Im besten Fall reagiert das Gegenüber dann mit einem Unterwürfigkeitsgesicht mit angelegten Ohren. Im schlechteren Fall reagiert es ebenfalls mit Drohgebärden.

Am heftigsten reagieren Hengste aufeinander, da sie in dem anderen naturgemäß einen Rivalen erkennen. Zwar gibt es immer wieder Freundschaften zwischen erwachsenen Hengsten, das ist aber eher die Ausnahme und fast ausschließlich auf Pferde beschränkt, die nicht im Deckeinsatz sind, sondern reine Reithengste.

Typisches Begrüßungsgesicht zwischen zwei Pferden, die sich entweder fremd sind oder die sich nach einer längeren Trennung wiedersehen. Auf alle Fälle sind sie sich sympathisch: Nasenkontakt, gespitzte Ohren, aufgewölbter Hals und ein ruhiges, freundliches Auge.

Obwohl der Schimmel unterwürfig die Ohren zur Seite klappt, reagiert der Rappe angriffslustig.

Imponiergesten

Treffen zwei Hengste aufeinander, reicht das Imponiergehabe vom lauten Wiehern über den aufgewölbten Hals und hoch getragenen Kopf bis hin zu passage- und piaffeartigen Tritten am Zaun entlang. Für bestimmte Fotoshootings werden auch immer mal wieder Hengste zusammengelassen – doch der Übergang zwischen imposantem Spiel und gefährlichem Kampf ist oftmals fließend. Dann wird es auch für den Menschen gefährlich, einzugreifen.

Doch auch bei den friedvolleren kastrierten Wallachen kann man deutliche Hengstmanieren beim Kennenlernen eines neuen Herdengenossen beobachten.

Aber auch Stuten reagieren mit der Veränderung ihrer Silhouette, indem sie sich im Hals mehr aufrichten, ihn aufwölben, die Nase etwas zur Brust ziehen und insgesamt größer zu werden scheinen. Je nach Dominanz der Stute fällt die Silhouette recht schnell in sich zusammen und weicht einer Unterwürfigkeitsmimik, oder sie geht zum Angriff über – zumeist, indem sie sich blitzschnell umdreht und ausschlägt. Hengste hingegen neigen zum Ausschlagen mit den Vorderbeinen und dazu, sich gegenseitig anzusteigen.

Diese Veränderung der Körperhaltung kann man in abgeschwächter Form auch am Putzplatz beobachten, wenn zwei ähnlich ranghohe Pferde, die sich nicht vertraut sind, aneinander vorbeigeführt werden.

Trabvariationen

Interessanterweise findet das Imponiergehabe fast ausschließlich im Trab statt. Seien es die tänzelnden Schritte an der Hand, wenn der Hengst der Stute zugeführt wird, der Stolztrab, den schon Fohlen zeigen und bei dem das Pferd auf Sprungfedern zu stehen scheint und sich mit jedem Schritt regelrecht nach oben katapultiert, der Passagetrab, der zur Piaffe wird, wenn das Pferd am Vorwärts gehindert wird. Das Aufstampfen mit dem Vorderhuf bei einem eng angebundenen Pferd kann man ebenfalls als Rudiment aus dem Imponiertrab verstehen.

Da gibt einer mächtig an. Höher geht der Hals kaum aufzuwölben, der Schweif wird als stolze Fahne getragen und ein ausdrucksstarker Trab gezeigt.

Drohgesichter und -gebärden

Ich bin immer wieder erstaunt, wenn ich höre, ein Pferd hätte „einfach so" zugebissen. Meist zeigte sich vorher eine ausführliche Abfolge mehrerer Drohgebärden, die jedoch vom Menschen nicht wahrgenommen wurden: Die stark angelegten Ohren sind das deutlichste Merkmal einer Drohung. Dem voraus gehen weitere Anzeichen wie zum Beispiel ein Nach-hinten-Ziehen der äußeren Nasenflügel. Dabei kann die Maulspalte bei aufeinandergepressten Lippen deutlich nach unten gezogen werden, bevor sie in der nächsten Stufe in einer Beißdrohung mit aufgesperrtem Maul und deutlich sichtbaren Schneidezähnen gipfelt.

Die Drohgebärde der Maulspalte kann sogar bestehen bleiben, während sich das Pferd mit seinem nach vorn gerichteten Ohrenspiel schon wieder einer anderen Sache widmet, dabei innerlich aber noch auf Angriff programmiert ist.

Wenn sich die Pferde frei bewegen können, dann folgt der Drohmimik auch immer ein deutlicher Stellungswechsel. Meist drehen sich die Pferde mit mehr oder weniger hoch aufgewölbtem Hals seitlich zueinander. Erfolgt beim Gegenspieler keine Reaktion, wird nochmals deutlich mit dem Kopf und dem Präsentieren des Mauls nachgeholfen, bevor sich die Hinterhand eindreht, um im nächsten Schritt auszuschlagen beziehungsweise das andere Pferd durch Rückwärtsgehen zum Weichen zu bewegen. Manchmal geht dem auch noch ein Aufstampfen des Vorderbeins voraus, wenn das Gegenüber hartnäckig ist, aber nicht ernsthaft verletzt werden soll, zum Beispiel bei Fohlen oder anderen frechen Herdenmitgliedern, die nicht auf erste Drohgebärden reagiert haben und einfach nicht weichen wollen.

Eine weitere Drohgebärde ist das Schlagen oder Schlenkern mit dem Kopf, das man auch öfter in der Arbeit mit Pferden sehen kann. Es handelt sich um deutliche Zeichen von Imponierverhalten und Aggression, die aber nicht ausgelebt, sondern unterdrückt werden.

Hengste und auch Wallache können Stuten gegenüber eine ganz bestimmte treibende Drohhaltung mit tief gesenktem Hals zeigen. Sie benutzen diese Haltung, um die Pferde vor sich herzutreiben. Dabei pendelt der Hengst mit vorgestrecktem Kopf dicht über dem Boden hin und her, wobei er die Ohren anlegt. Eine sehr unmissverständliche Geste, die keine Zweifel offen lässt. Mein Spanier, gerade einen Tag neu in der Herde, zeigte dieses Verhalten nicht nur den Stuten gegenüber, sondern auch den Shettywallachen und sogar mir! Erst als ich mich beherzt zur Wehr setzte, schien er aus seiner „Hengsttrance" (als Wallach ...) zu erwachen und zeigte wieder ein normales Verhalten. Bei Stuten ist das kaum ausgeprägt – es sei denn, sie haben ein neugeborenes Fohlen zu beschützen.

Neben dem Kopf finden natürlich auch an der Hinterhand jede Menge interessanter und schlagkräftiger Drohgebärden statt: Das nervöse Schweifschlagen, das fast immer emotionale Bedeutung hat, aber auch das Drohen mit der erhobenen Hinterhand, angefangen vom leichten Aufsetzen auf der Hufspitze über das Anheben und leichte In-die-Luft-Schlagen bis hin zum sehr gezielten und meist auch treffsicheren Tritt. Beim Spielen wird zwar auch mit beiden Hinterbeinen ausgeschlagen, es gleicht aber mehr einem Hüpfer mit der Hinterhand als einem ernst zu nehmenden Ausschlagen. Und es ist auch nicht verletzend gemeint, sondern dient eher zu Trainingszwecken, wie das spielerische Toben zwischen männlichen Tieren überhaupt. In freier Wildbahn müssten sie sich mit einsetzender Geschlechtsreife gezwungenermaßen von der Herde trennen. Sie schließen sich zu sogenannten Junggesellenverbänden zusammen. Dieser Verbund dient nicht nur dem Schutz vor Wildtieren, sondern auch als eine Art Trainingslager, um bei gemeinsamen Spielen Kampftechniken zu erproben. Bis sie eines Tages einem alternden Herdenchef gegenüberstehen, den sie besiegen können und so die Stutenherde, oder zumindest Teile davon, für sich erobern.

Typische Treibhaltung eines männlichen Pferdes, das seine Stuten vor sich hertreiben will.

Normales Drohverhalten innerhalb der Familie: Die beiden älteren Pferde haben gemeinsam entspannt geruht, als der kleine Unruhestifter von links dazukam. Er wird von der Schimmelstute deutlich, aber nicht aggressiv zurückgescheucht und reagiert mit unterwürfigem Fohlenkauen.

Ein typisches Zeichen für Unwilligkeit: das Kopfschlagen. Man sieht es bei den Pferden untereinander, wenn sie vertrieben werden.

Das Connemara zeigt eine beginnende Drohung, allerdings ohne Kampfabsicht. Es signalisiert: „Lass mich in Ruhe!"

Beschwichtigungsgesichter und -gesten

Ob eine Begegnung eskaliert oder nicht, hängt maßgeblich von der Reaktion des rangniedrigeren Pferdes ab. Auch in der Tierwelt gibt es gewisse Deeskalationsstrategien. Am typischsten ist sicherlich das sogenannte Fohlenkauen. Bei sehr jungen Tieren kann es schon bei der geringsten Kleinigkeit oder bei der Konfrontation mit neuen Gegenständen abgerufen werden. Dabei öffnet und schließt der Youngster sein Maul, wobei die Zähne erkennbar sind. Oftmals hört man sogar ein deutliches Schmatzen durch die Bewegung der Zunge. Meistens wird es zusätzlich noch durch eine deutlich unterwürfige Körperhaltung unterstrichen, bei der der Schweif angedrückt wird und das Pferd regelrecht einzuknicken, kleiner zu werden scheint. Der Hals wird dabei weit und gerade nach vorn gestreckt. Je unsicherer das Pferd, desto ausgeprägter sind all diese Gesten. Je selbstbewusster, desto mehr reduzieren sie sich, bis es schließlich nur noch bei einem angedeuteten Kauen durch leichtes Öffnen und Schließen des Mauls bleibt. Selbst extreme Unterwerfungsgesten halten manche angreifenden Pferde, insbesondere solche mit einem schlecht ausgeprägten Sozialverhalten, nicht vom Beißen ab – leider. Wobei nicht zur Familie gehörende Pferde deutlich härter zu Werke gehen als Familienangehörige.

Auch bei erwachsenen Pferden kann man das Fohlenkauen zum Teil bei Begrüßungen erkennen, aber auch in Stresssituationen. In der Arbeit mit dem Menschen ist das Ablecken als Rudiment übrig geblieben – dazu mehr im Kapitel „Kommunikation im Umgang mit dem Menschen".

Die Ohrenposition spielt ebenfalls eine wichtige Rolle. Die Ohren werden bei der Unterwerfungsmimik seitlich nach unten gedreht gehalten, je nach Grad der Unterwerfung. Gibt es noch Abwehranzeichen, können sie auch nach hintenunten zeigen.

Das Fuchsfohlen zeigt gegenüber dem dominanten Schimmelhengst ganz deutlich das beschwichtigende Fohlenkauen, auch Fohlenbiss genannt.

Typischer Schmerzausdruck im gesamten Körper: gesenkter Hals, halb geschlossene Augen, Ohren, die nach innen zu lauschen scheinen, angespannte Bauchmuskulatur und schlagender Schweif.

Schmerz und Unwohlsein

Ungute Gefühlsregungen kann man bei einem Pferd sehr gut am Gesichtsausdruck ablesen. Beginnend an den Ohren über verschieden weit aufgerissene oder geschlossene Augen bis hin zu der mehr oder weniger angespannten Maulpartie. Pferde zeigen allein durch ihre Mimik, wenn sie in Ruhe gelassen werden wollen. Dabei sind die Ohren leicht nach hinten gedreht, das Auge halb geschlossen und die Nüstern leicht hochgezogen – alles Signale für die Artgenossen, es in Ruhe zu lassen. Hängt hingegen die Lippe bei gleichem Ohren- und Augenspiel entspannt nach unten, handelt es sich meist nur um ein ganz normales Dösgesicht ohne Abwehrabsichten.

Auch wohin der Blick geht, gibt Aufschluss über die Verfassung des Vierbeiners. Hat das Pferd Schmerzen, scheint es nach innen zu schauen. Sein Blick ist nicht zielgerichtet und auf seine Umwelt fixiert, sondern wirkt auf sein Innenleben konzentriert. Das Auge wirkt müde und stumpf. Hinzu kommen noch tiefe Ausbuchtungen über den Augen, die sogenannten Kummerkuhlen, die man bei alten, kranken, gepeinigten oder unglücklichen Pferden findet.

Je größer der körperliche Schmerz oder die Angst sind, desto passiver wird das Ohrenspiel. Die Tiere scheinen ihre Umwelt kaum noch wahrzunehmen.

Gut beobachtet
Dass man durch genaues Beobachten seines Pferdes auch noch Geld sparen kann, beweisen mir meine Pferde immer wieder aufs Neue. Mir reicht oft nur ein Seitenblick, um bereits am Gesichtsausdruck, spätestens aber am Schweifschlagen oder ungewöhnlichem Hinlegen den Beginn einer Kolik zu erkennen. So kann ich frühzeitig den Tierarzt rufen und es bleibt durch die früh erfolgende Hilfe bei dem einen Besuch mit krampflösender Spritze statt mehreren Anfahrten mit Nasen-Schlund-

Die Augen von Falten umrandet, der Blick leer, die Partie hinter den Nüstern eingezogen: ein erschöpftes Pferd, das vor Anstrengung sogar am Kopf nass geschwitzt ist.

Sonde oder Klinikaufenthalt. Bis der Tierarzt eintrifft, helfen die Gabe von Colosan® und Nux Vomica sowie Eindecken und ruhige Bewegung.

Wenn ein Pferd sich völlig verausgabt hat, indem es über seine Kraft hinaus gearbeitet wurde, in der neuen Herde intensiv getrieben wurde oder einen langen, Angst einflößenden Transport hinter sich hat, kann man auch sehr deutliche Erschöpfungssignale erkennen. Allein die Körperhaltung mit gesenktem, kraftlosem Kopf und eingefallenen Flanken signalisiert Erschöpfung. Ist die Anstrengung noch frisch, atmen die Tiere schwer, was man an der Bauch- und Flankenbewegung sehen kann; die Nüstern sind geweitet. Meist sind die Augen trübe und glanzlos, sie werden ganz oder halb geschlossen gehalten und scheinen tiefer in den Augenhöhlen zu liegen. Die Kummerkuhlen sind tiefer, die Ohren zeigen nach hinten.

„Untugenden"

Unter dem Begriff „Untugenden" möchte ich hier Koppen, Weben und Manegebewegung zusammenfassen. Diese werden auch als Stereotypien bezeichnet.

Koppen bezeichnet das „Luftschlucken" in die Speiseröhre, bei dem eine Art „Rülpser" ausgestoßen wird. Die Luft gelangt aber nicht in den Magen. Es gibt Aufsetzkopper, die dazu ihre Zähne an der Boxentür, dem Zaun oder Anbindebalken aufsetzen, aber auch Freikopper, die dieses Verhalten frei stehend zeigen.

Beim Weben pendelt das Pferd mit Kopf und Vorderbeinen von links nach rechts. Bei Pferden, die extrem stark weben, kann dazu auch die Hinterhand als Ausgleichpendelbewegung mit involviert sein. Starke Weber belasten ihre Vordergliedmaßengelenke über Gebühr und es kann dort zu frühzeitigen Verschleißerscheinungen kommen. Viele Weber haben Rückenschmerzen und versuchen mit dem Weben die verkrampfte Rückenmuskulatur zu entspannen. In diesem Fall ist die Verhaltensauffälligkeit nicht psychisch, sondern körperlich bedingt.

Unter der Manegebewegung versteht man, wenn Pferde in ihrer Box ständig im Kreis laufen. Nicht nur ein-, zweimal, um die beste Position zum Hinlegen zu finden, sondern über einen längeren Zeitraum hinweg. Eine dauerhafte Bewegung auf so engem Raum ist für den Pferdekörper ungesund und sorgt für Muskelverspannungen und Gelenkprobleme.

Diese Stereotypien sind Verhaltensmuster, die in einem bestimmten Kontext immer wieder auftauchen und fast schon zwanghaft ausgeführt werden. Angeblich sollen sie aufgrund von mangelhaften Haltungsbedingungen, physischer und psychischer Überforderung, Isolation oder aber auch Langeweile ausgelöst werden. Beim Koppen hat man auch noch eine erhöhte Vererbbarkeit festgestellt und einen Zusammenhang zwischen schlechter Fütterung, Magenproblemen sowie Herzrhythmusstörungen. Durch das Koppen versucht das Pferd dann seinen Herzrhythmus wieder zu synchronisieren. Würde man das mit einem Kopperriemen (enger Halsring, der das unerwünschte Muskelanspannen zum Luftschnappen verhindern soll) unterbinden, hätte das Pferd keine Chance auf Selbstheilung. Es gibt allerdings auch Pferde, die in scheinbar perfekter Offenstallhaltung oder mit viel Weide- und Koppelgang sowohl koppen als auch weben. Inwieweit beide Stereotypien ansteckend auf andere Pferde wirken, ist nicht klar erwiesen. Es gibt aber immer wieder panische Reaktionen, wenn ein Kopper oder Weber in einen neuen Stall einzieht. Koppen zählte zu den Gewährsmängeln, die bis 2002 im Kaufrecht einer Sonderregelung unterlagen.

Typischer Aufsetzkopper mit angespannter Halsmuskulatur.

Viele Untugenden entwickeln Pferde in Gefangenschaft, wenn Sie ihre natürlichen Bedürfnisse nicht artgerecht mit ihren Pferdekumpanen zusammen ausleben dürfen.

Angst

Als Flucht- und Herdentier ist ein Pferd leider sehr schnell in Angst zu versetzen. Furchtsamkeit und Achtsamkeit sind im Instinkt dieser Tiere fest verankert und überlebenswichtig. Wie stark diese ausgeprägt sind, hängt zum Teil von der Rasse ab, ist aber auch von Tier zu Tier sehr unterschiedlich angelegt. Manchmal erscheint uns ein Tier auch ruhiger, als es in Wahrheit ist, dabei bebt es nur innerlich und zeigt wenig äußerliche Anzeichen von Angst. Meine Norweger wirken äußerlich in ängstigenden Situationen oft sehr ruhig, zumal sie rassebedingt eher zum Stehenbleiben neigen als zum wilden Davonstürmen. Aber wenn man ihnen in die Augen schaut, kann man ihre Beunruhigung doch wahrnehmen. Wenn sie sich dann allerdings zur Flucht entscheiden, explodieren sie durch den vorherigen Gefühlsstau regelrecht und sind nur schwer zu handhaben.

Angst auslösende Situationen können unbekannte Alltagsverrichtungen sein, die ein Pferd schlicht noch nicht kennengelernt hat, vom ungewohnten Anbinden, Satteln, von Ausrüstungsgegenständen, Trainingssituationen bis hin zum lauten Traktor. Aber es können auch Dinge und Situationen sein, mit denen es schlechte Erfahrungen gemacht hat. Das beste Beispiel dafür ist das Hängerfahren und das Verladen. Leider wird es vom Menschen immer noch so ungeschickt angegangen, dass es für Pferde zu einem Trauma werden kann. Statt von klein auf mit positiven Erlebnissen verknüpft, steht Hängerfahren für die meisten Tiere mit Stress, Krankheit, Stallwechsel oder Wettkampf in Zusammenhang. Ich bitte um Verständnis, wenn ich hier nicht ausführlich über die richtige Herangehensweise schreiben kann. Auch dafür gibt es Literatur und viele gute Ausbilder, und ich kann nur dringend raten, sich denen frühzeitig anzuvertrauen.

Andere Situationen sind meist einengender Natur: Zwangsstände beim Tierarzt, enge Räume, Engpässe, Brücken – alles Situationen, in denen die Pferde ihrer Fluchtmöglichkeit beraubt sind. Eine weitere kritische Situation ist es, wenn die Herdentiere von ihren Pferdekollegen getrennt werden und in ihrer Wahrnehmung somit eine lebensbedrohliche Situation entstehen kann, je nach Veranlagung des Tieres.

Im Alltag erleben wir ängstliche Momente meist nur beim Kennenlernen neuer, unbekannter Dinge, vor allem dann, wenn dies mit Geräuschen verbunden ist (Fahrzeuge, Musikboxen, umfallende Gegenstände, knisternde Planen und vieles mehr).

Größere Angst im Umgang mit den eigenen Artgenossen habe ich nur dann gesehen, wenn ein Pferd von einem anderen stark attackiert wurde und wegen eines beengten Platzes nicht ausweichen konnte.

Wer einmal ein Pferd im Angstzustand beobachtet hat, erkennt diesen sofort. Je mehr Angst mit ins Spiel kommt, desto mehr werden die Augen und Nüstern geweitet. Bei einigen Pferden kann man dann sogar das Weiße in den Augen erkennen. Die gesamte Backenpartie ist angespannt, ebenso wie das Maul.

Die Angst zeigt sich natürlich nicht nur im Gesichtsausdruck des Pferdes, sondern in seiner gesamten Körperhaltung. Der Muskeltonus ist stark angespannt, der Schweif unruhig und abgestellt, der Kopf erhoben – jede einzelne Faser ist auf eine eventuelle Flucht eingestellt. Das Pferd scheint größer zu werden und wirkt damit oftmals auf seinen zweibeinigen Führer beängstigender. Der reagiert mit entsprechend unsicherer Körperhaltung, vielleicht einem Zurückweichen, und bestätigt das Pferd damit in seiner Furcht. Dies stellt eine schlechte Konstellation dar. Je ängstlicher das Tier ist, desto ruhiger und selbstverständlicher muss sich der Mensch in seiner Körpersprache mitteilen, um dem Pferd ein vertrauenswürdiger Führer zu sein.

Angst pur: aufgerissene, geweitete Augen und Nüstern und ein zugekniffenes Maul.

Der Inbegriff eines ängstlichen Pferdes: unsicheres Ohrenspiel, leicht geweitete Nüstern, die seinen Erregungszustand zeigen, angespannte Maulpartie und ein unsicherer Blick. Flüchten – ja oder nein?

Spielgesichter und Humor

Es gibt auch unter den Pferden regelrechte Spaßvögel und Klassenkasper. Keine Schubkarre ist vor ihnen sicher – besonders dann, wenn sie voll ist –, kein Torschloss, kein Besen oder Bollensammler. Ich habe von dieser Sorte vier Stück in meiner Herde. Und ausgerechnet der freche Lasse hat sich zum „Fohlenbeauftragten" ernannt und führt meine beiden Stutfohlen Pearl und Grazina mit viel Erfolg in die große Kunst des Spaßmachens ein – ha, ha, ha ...

Eine ausführliche Beschreibung eines Spaßgesichts erübrigt sich eigentlich: Man erkennt es einfach, wenn man so einem aufgeweckten Pferdegesicht mit gespitzten Ohren, glänzenden, hellwachen Augen und vorwitzig bebendem Maul gegenübersteht. Untereinander fangen die Spielereien meist mit dem Beknabbern des Mauls oder der Backen an. Oft ging dem die Fellpflege voraus.

Spiel und Spaß unter Wallachen
Ganz häufig gehen meine Shettywallache auch ohne Fellpflege aufeinander zu, beknabbern sich an den Lippen, gehen dann über zum Schulterbereich, bis sie sich schließlich in die Vorderbeine zwicken. Spätestens dann beginnt ein Verfolgungsspiel, das nicht selten andere miteinbezieht – allerdings nie mehr als drei. Und auch dann nur kurze Zeit, offenbar sind drei einer zu viel. Ein lustiges Verfolgungsspiel zu zweit, das bereits zehn Minuten andauert, endet mit der Einmischung des Dritten meist ganz abrupt. Beim Spielen kreisen sie mitunter wild umeinander und versuchen sich in die Schweifrübe zu zwicken – wobei dann oft das angedeutete Ausschlagen ohne Konsequenz entsteht. Die Fohlen legen auch immer mal einen Bocksprung mit zwei bis vier Beinen hin. Für mich gibt es kaum etwas Schöneres, als beobachten zu dürfen, wenn meine Ponys wirklich ausgelassen und scheinbar glücklich miteinander toben, andere anstecken, ihre Schnelligkeit und Wendigkeit genießen und trainieren. Während die kleinen wendigen Shettys schnelle Laufspiele bevorzugen, neigen die größeren eher zu Steigespielen, bei denen sie sich immer wieder auf das Vorderfußwurzelgelenk fallen lassen, um dann wieder aufzuste-

hen, kleine Drehungen umeinander zu machen, und durch erneutes Zwicken ins Maul, in Beine und Schweifrübe von vorn beginnen.
Mein Spanier Valeroso kann sich auch völlig selbstvergessen und allein mit seinem Horseball beschäftigen. Er nimmt ihn ins Maul, wirft ihn hoch, galoppiert hinter ihm her, tritt ihn – zum Teil versehentlich – von sich weg, um ihn dann zu verfolgen. Ich habe ihm dabei schon mal eine Stunde zugucken dürfen!

Bei Stuten geht es viel gesitteter zu. Sie zelebrieren die Fellpflege. Auch hierfür gibt es natürlich „Spezialgesichter". Wenn sie gegenseitig diesen Freundschaftsdienst ausüben, stehen sie seitlich nebeneinander, Kopf an Schweif oder auch nur bis zur Schulterpartie. Während sie sich genüsslich am Widerrist, Hals, Rücken oder auch der Schweifrübe massieren, wölbt sich die Nase deutlich nach vorn und verwöhnt mit kreisenden Bewegungen das Gegenüber. Zähne finden ebenfalls ihren Einsatz und die Tiere zwicken sich mit deutlich hörbarem Aufeinanderschlagen der Zähne. Als Ergebnis haben sie oft regelrechte kleine Fellrollen im Maul, die dann ausgespuckt werden.

Das typische Fellpflegegesicht kann man auch als Mensch jederzeit abrufen, indem man sein Pferd an seinen Lieblingsstellen (die es als echter Freund herauszufinden gilt) massiv krault. Achtung: Hierbei erwidert das Pferd die Zärtlichkeiten manchmal, wobei dann beim Kraulen auch genüsslich die Zähne zum Einsatz kommen können.

Schubbern sich die Pferde selbstständig an Pfosten, Bäumen, Schubkarren oder Stallwänden, kann man ebenfalls die genüsslich vorgeschobene Oberlippe und Nase erkennen sowie leicht zur Seite geneigte Ohren und manchmal sogar halb geschlossene Augen.

Die nach vorn geschobene Nase oder auch aufgeblähte Nasenlöcher sind oft beim gemeinsamen Spielen im Einsatz.

Hier sitzt der Schalk im Nacken: Die Augen sind neugierig offen, die Ohren gespitzt.

Den Blick neugierig und freundlich nach vorne gerichtet, kommt das Pferd erwartungsvoll auf die ihm unbekannte Fotografin zu – es könnte ja etwas Interessantes oder Leckeres geben …

Sexualverhalten

Die Rosse

Als Rosse bezeichnet man die Phase im Zyklus rund um den Eisprung. Während dieser Zeit urinieren die Stuten besonders häufig, und der Harn riecht – in Kombination mit dem Rossesekret – extrem streng. Zumindest für uns Menschen, für die männlichen Pferde dürfte es sich eher um ein Aphrodisiakum handeln. Die eigentliche Empfängnisfähigkeit und Paarungsbereitschaft beschränkt sich dabei auf einen kurzen Zeitraum, weshalb Stuten rossen, sich aber noch nicht besteigen lassen.

Man sollte berücksichtigen, dass einige Stuten in dieser Zeit empfindlich auf den Schenkel reagieren. Die Tatsache, dass sie rossig sind, wird oft nicht erkannt oder berücksichtigt und ihnen wird böswilliger Ungehorsam unterstellt.

Liebestoll
Aber auch frei in der Herde kann eine Stute recht penetrant um ihr vermeintliches Recht auf Liebe sein. Stute Mali in ihrem großen Wunsch nach einem Fohlen drängt sich sämtlichen gleich großen Wallachen in meiner Herde geradezu auf – vor allem den neuen. Sie biedert sich mit ihrem zugewandten Hinterteil und weggestelltem Schweif mit vor Rosse blitzender Scheide dem Wallach an. Wenn dieser dann offensichtlich genervt geht, verfolgt sie ihn penetrant über den gesamten Paddock – und vergisst darüber sogar das Fressen: und das als echtes Fjordpony ...

Paarungsgesichter

In den Genuss, Pferden bei der Paarung ins Gesicht zu schauen, kommen wohl nur die wenigsten Pferdebesitzer – es sei denn, sie sind Züchter. Der Hengst zeigt beim Kontakt mit der Stute ein deutliches Imponierverhalten. Die Ohren sind gespitzt, die Nüstern gebläht, der Körper angespannt. Kommt es zu direktem Körperkontakt, unterscheidet sich das Verhalten je nach Tempe-

rament und Persönlichkeit. Es gibt die brutalen Machos, die gleich aufspringen und der Stute dabei mehr oder weniger heftig in Hals und Mähnenkamm beißen, aber auch die Zärtlichen, die erst vorsichtig knabbern und sich eher behutsam nähern und den Akt vollziehen. Beim Akt selbst scheinen beide Tiere mit ihrer Aufmerksamkeit eher nach innen gekehrt zu sein, vor allem die Stute. Sie zeigt ihre Paarungsbereitschaft zum einen in der Hochrosse durch das Blitzen, bei dem sie mit breit gestellter Hinterhand den Schweif anhebt und Rossesekret absetzt. Aber auch durch einen passiven Gesichtsausdruck mit leicht seitlich nach hinten gedrehten Ohren, einem entspannten Maul und insgesamt friedfertigem Gesicht.

In abgeschwächter Form kann man das in gemischt stehenden Herden beobachten, wenn die Stute rossig ist und es Wallache gibt, die sich noch für das andere Geschlecht interessieren.

Der Reiz des Neuen
Bisher hat bei mir noch jeder neu hinzugekommene größere Ponywallach ernsthaftes Interesse an meinen wenigen Stuten gezeigt. Was natürlich zu Ärger mit dem Herdenchef führte, der das nicht so einfach zulassen konnte. Dabei kamen die lustigsten Situationen zustande, in denen man ganz deutlich sehen konnte, wie der Neuling in Zusammenarbeit mit der Stute still, heimlich und leise den vermeintlich dösenden Chef zu überlisten versuchte – was natürlich nicht gelang. Spannenderweise hört das Interesse schlagartig auf, wenn der Rang geklärt ist und sie sich an den Stuten heimlich ausgetobt haben – hinter dem Rücken des Chefs, während dieser als Schulpony arbeiten musste. Kaum einer zeigte in den darauffolgenden Jahren noch mal ernstes Interesse an den Stuten (außer der kleine, 98 Zentimeter große Jimmy) – auch wenn diese hoch rossig, geradezu bettelnd vor ihnen standen.

Die rossige Stute signalisiert mit breit gestellten Hinterbeinen und angehobenem Schweif äußerste Bereitschaft für den Deckakt. Dabei scheidet sie Rossesekret aus.

Zu Beginn des Deckakts zeigt der Hengst noch starkes Imponiergebaren, um die Stute zum Stehenbleiben zu bringen. Einige verbeißen sich sogar im Hals der Stute. Die Stute zeigt zwar angelegte Ohren, aber auch ein Abkauen, das dem Fohlenbiss nahekommt.

Mutter-Kind-Verhalten

Was man als Pferdehalter in der Beziehung zu einer frischen Mutterstute unbedingt wissen muss, ist ihre erhöhte Verteidigungs- und Angriffsbereitschaft allem gegenüber, was in ihren Augen für das Fohlen bedrohlich sein kann – und das kann man auch selbst sein.

Mutter und Kind brauchen wenige Stunden bis zu zwei Tage, bis sie wirklich aufeinander geprägt sind. In dieser Zeit ist es wichtig, beiden so viel Ruhe miteinander zu geben wie möglich.

Hat die Stute ihr Fohlen akzeptiert und lässt es problemlos säugen, folgt es ihr dicht an ihre Flanke gepresst überallhin. Ist die Prägung noch nicht abgeschlossen, ist es die Stute, die ihrem Fohlen folgen muss, um es durch einen deutlichen Nasenstüber von vorn wieder Richtung Flanke zu schieben. Je sicherer das Fohlen auf den Beinen steht und je schützender die Restherde funktioniert, desto größer ist der Freiraum für den Nachwuchs. Dann darf er auch Kontakt zu anderen Herdenmitgliedern aufnehmen, ohne von Mutti verteidigt zu werden. Gerade junge Stuten haben oft Probleme damit, ihr Fohlen zu akzeptieren. Sie kümmern sich nicht instinktiv darum, sondern müssen erst langsam in ihren neuen Mutterjob hineinwachsen.

Verhaltenserbe oder abgeguckt?
Ich konnte beobachten, dass sich der Umgangston von der Mutter anscheinend auf die Tochter überträgt. Pretty, eine in der Herde eher unauffällige Stute, zog ein ebenso freundliches Stutfohlen auf, das vorsichtig und freundlich Kontakt zu den anderen aufnahm.
Baschka, als sehr selbstbewusste Stute etabliert, brachte ihrer Tochter bei, neugierigen Herdenmitgliedern erst einmal mit angelegten Ohren zu begegnen. Wie die Mama, so auch die Tochter. Eine Beobachtung, die auch Verhaltensforscher machten. Die Leitstute ist oft die Tochter einer Leitstute.

Welche Position hat mein Pferd?

Ob ein Pferd dominant oder eher schüchtern auftritt, ist in den meisten Fällen tief in seiner Persönlichkeit verwurzelt. Diese Charaktereigenschaft zieht sich durch sein gesamtes Verhalten – ob in der Herde, dem Menschen gegenüber oder bei der Bewältigung neuer Aufgaben vom Boden und unter dem Sattel.

Rangpositionen in der Herde

Bereits anhand der Position, die das eigene Pferd in der Herde hat, kann man erkennen, welches Selbstverständnis es hat, ob es unsicher oder selbstbewusst ist, eher zögerlich oder forsch an Neues herangeht. Deswegen sollte man besonders dann die Gelegenheit zur Beobachtung nutzen, wenn neue Pferde in eine bestehende Herde integriert werden. Dabei kommt es immer wieder zu Situationen, in denen sich die vielfältigsten Verhaltensmöglichkeiten zeigen können. Nimmt mein Pferd von sich aus Kontakt zu dem neuen Tier auf, zeigt es aggressive Verhaltensmuster und Drohgebärden, versucht es den Neuen zu vertreiben – dann kann man von einem eher selbstbewussten Tier ausgehen. Traut es sich nur zusammen mit anderen Pferden an den Neuen heran? Zieht es sich bei der kleinsten Gegenwehr wieder zurück? Dann handelt es sich um einen eher unsicheren Kandidaten. Es gibt unendlich viele verschiedene Möglichkeiten: vom ranghohen Herdenchef, der erst mal deutlich klarmacht, wer hier wen bewegt, und somit der Bestimmer ist, bis zum rangniedrigsten Herdenmitglied, das sich völlig raushält aus der neuen Herdenmischung. Mehr Stress haben da schon Tiere, die sich in mittleren Positionen befinden. Sie sind eigentlich unsicher und befürchten ihren bisherigen Rang zu verlieren, indem sich das neue Mitglied womöglich über sie stellt. Für sie entsteht richtiger Stress. Da gibt es dann diese Mischungen aus Angriff und Flucht. Das sind auch Pferde, die sich im Umgang mit dem Menschen immer mal wieder neu in der Rangordnung definieren. Hat man der Chefperson erst einmal gesagt, dass er dem Menschen gegenüber nur der Stellvertreter ist, bleibt er zumeist ganz zufrieden in der Position. Allerdings muss jeder neue Zweibeiner (Ausbilder, Besitzer, Reitbeteiligung) sich erst wieder als ebenfalls verdienter Chef beweisen. Das unsichere Sensibelchen ist hingegen einfach nur froh, einen sicheren Boss gefunden zu haben, der ihm die Entscheidungen abnimmt.

Auch im normalen Herdenalltag, ohne aufregende Neuintegration, gibt es jede Menge Indizien dafür, welche Position Ihr Pferd in der Herde hat. Generell gilt: Der Chef bleibt, der Rest muss weichen. Kann sich das eigene Tier frei in der Herde bewegen und andere weichen ihm, ist es sehr ranghoch. Kommt es zu jeder Zeit und als Erstes ans Wasser, die Futterraufe oder durchs Weidetor? Muss es seinen schattigen Döseplatz aufgeben, wenn ein anderes Pferd kommt? Hat es immer den besten Platz im Unterstand? Wer weicht, ist immer im Rang niedriger.

Wie gefestigt und dominant die Herrschaft des Herdenoberhaupts ist, zeigt sich an den Drohgebärden, die es einsetzen muss, um sich Respekt zu verschaffen. Bei sehr dominanten Pferden reicht die bloße Präsenz. Allerdings ist dieser unabdingbare Respekt oft auch zuvor hart und brutal erarbeitet worden. Solche Chefs duldeten bei der Rangklärung keinen Widerspruch an ihrer Position. Deutlich legerere Oberhäupter müssen ihre Position immer mal wieder neu festigen – durch kurze Erziehungsphasen, in denen dann vor allem die vorwitzigen Herdenmitglieder mit einem deutlichen Ohrenanlegen vertrieben werden.

Der Rappe schiebt den Braunen im Rahmen einer ernsten Rangklärung zunächst mit dem Hinterteil weg …

Reicht das noch nicht oder die Reaktion ist nicht schnell genug, wird auch heftig zugebissen.

Muss das eigene Pferd jedem in der Herde weichen oder scheucht es selbst viele Herdenmitglieder? Wie entspannt oder verspannt ist sein Gesichtsausdruck, wie ist seine Ohrenposition? All das erzählt uns, wie es dem Pferd geht. Wie nah steht es mit anderen zusammen, ist ein Freund erkennbar, macht es Fellpflege nur mit einem oder mit mehreren, gibt es vielleicht sogar Spielkameraden und -aktivitäten? Dabei ist die räumliche Nähe der Pferde zueinander oft auch ein Indiz dafür, ob sie sich emotional nahestehen.

In größeren Herden, die einen ständigen, intensiven Wechsel im Pferdebestand haben, ist sicherlich irgendwann eine Art Resignation erkennbar. Die Pferde scheinen untereinander nur noch eher lustlos den Rang zu klären – es lohnt sich nicht, da die „Familie" sich ja eh bald wieder verändert. Freundschaften sind eher selten, dafür Animositäten oft umso verbissener. Pferde, die von ihren Besitzern zu sogenannten Stallhoppern verdammt sind, nehmen kaum noch ernsthaft an einem aktiven Herdenleben teil. Ihnen kann man das Schicksal deutlich am Gesicht ablesen. Sie wirken resignierter, die Augen sind oft glanzlos, und auch jüngere Pferde haben ausgeprägte Kummerkuhlen, selbst wenn sie körperlich gesund sind.

Schwieriger Neustart
Ich versuche, so gut es geht, unnötige Wechsel von Ponys in meiner Herde zu vermeiden, da ich für einen sicheren Umgang mit Kindern und Reitanfängern in sich ruhende, zufriedene und gefestigte Ponys brauche. Die Grundvoraussetzung dafür ist eine intakte, Sicherheit gebende Herde.
Kürzlich habe ich zwei Einstellpferde hinzugenommen, die später in den fertiggestellten Nachbarstall umziehen sollten. Also wurden beide Pferde außerhalb der Weidezeit separat in direktem Zaunkontakt mit meiner Herde gehalten und bildeten ein sehr enges Pärchen. So eng, dass die Stute Annäherungsversuche meiner Stuten an den Wallach beim gemeinsamen Weiden mit Attacken gegen diese Stuten bestrafte.
Als der Wallach dann plötzlich den Stall verließ, blieb die Stute allein zurück – musste also doch in

… und setzt dann mit der hoch ausschlagenden Hinterhand nach.

meine Herde integriert werden. Obwohl sie fast vier Monate eng mit meiner Restherde zusammenstand und ja auch beim Weiden zaunfreien Kontakt hatte, gestaltete sich die Integration jetzt noch schwieriger, als wenn sie neu hinzukommen würde. Unter dem Schutz des sehr dominanten Wallachs hatte sie recht selbstbewusste Verhaltensmuster gezeigt. Doch der schützende Wallach war jetzt nicht mehr da … Sie verfiel in eine regelrechte Depression, die sich auch auf die Arbeit mit ihrer Besitzerin auswirkte. Erst mein jüngster Neuzugang, ein Araber-Warmblut-Mix, holte sie da heraus. Anfangs von ihr besonders hart attackiert, guckte er sich das ganze Herdengebahren eine Woche an und trieb die Stute dann in schönster Join-Up®-Manier sanft, aber bestimmt vor sich her. Sie war sehr ärgerlich darüber, äußerte das mit Kopfschlagen und angelegten Ohren, ließ es aber zu. Nach zwei Tagen bildeten die beiden ein neues Dream-Team, und die Stute zeigt sich seitdem beim Umgang mit dem Menschen entspannt, kontaktfreudig und aufnahmebereit. Der eigentliche Herdenchef Eric, der nie Interesse an der Stute gezeigt hat, hielt sich völlig heraus.

Es gibt aber auch regelrechte Taktierer unter den Pferdepersönlichkeiten. Sie machen in den ersten Tagen und Wochen einen sehr harmlosen Eindruck, sind zu allen freundlich und kontaktbereit. Wenn sie die Lage und das Herdengefüge dann genauer beobachten konnten, wendet sich das Blatt plötzlich und aus dem freundlichen Neuen wird einer, der deutlich an der Chefposition kratzt und das auf dem Rücken der anderen austrägt. Von einem Tag auf den anderen werden die vermeintlich neuen Freunde, denen das Pferd sich vorher freundlich angebiedert hat, gejagt und weggebissen, um sie so unterzuordnen und um den eigenen Rang zu erhöhen. Solche Pferdetypen werden oft erst dann tätig, wenn sie einen Verbündeten in der neuen Herde haben. Und ihr Taktieren macht auch vor dem Menschen nicht Halt: Sie beobachten genau, um später die Schwachstellen des Menschen für sich zu nutzen und den eigenen Kopf durchzusetzen. Meistens hat man es mit sehr intelligenten Tieren zu tun, denen man ein großes Repertoire an Know-how und Einfühlungsvermögen entgegenbringen muss, will man ihre Kooperationsbereitschaft bekommen.

Eine bunt gemischte Herde, die auf den ersten Blick einen entspannten Eindruck macht. Das vordere Pferd wälzt sich genussvoll, der Rest döst. Nur das Pony mit dem Stern bekommt gerade Stress mit dem großen Fuchs, dem es nicht passt, wo der Kleinere steht. Es macht bereits den ersten Ausfallschritt zur Seite.

Einflüsse durch die Aufzucht

Es gibt genauso vielfältige Pferdepersönlichkeiten, wie es unterschiedliche Menschen gibt. Und genau wie bei uns Zweibeinern setzt sich die Persönlichkeit aus den Teilen Vererbung, Erfahrung, Förderung und sozialem Umfeld zusammen. Züchter können bestätigen, dass sich nicht nur Exterieurmerkmale von einer Generation zur nächsten vererben, sondern durchaus auch charakterliche Stärken und Schwächen. Zum einen geschieht das über das genetische Material, zum anderen aber auch ganz entscheidend durch die Prägung in den ersten Lebensmonaten, in denen das Fohlen bei der Mutter mitläuft. Wie bereits erwähnt, scheinen sich die Fohlen das Verhalten bei ihren Müttern, aber auch bei den „Tanten", die mit an der Erziehung des Fohlens arbeiten, abzuschauen.

Entscheidend für die spätere Sozialverträglichkeit und Integrationsfähigkeit des Pferdes mit seinen Artgenossen ist auf alle Fälle die artgerechte Aufzucht in einer möglichst gemischten Herde, in der die älteren Tiere Erziehungsfunktion übernehmen können. Heutzutage ist es üblich, Jungtiere und Absetzer – meist schon mit sechs Monaten – in sogenannten Aufzuchtherden ausschließlich mit gleichaltrigen Pferden zu halten. Das mag viele organisatorisch praktische Gründe haben, und die Jungtiere haben jede Menge Altersgenossen, mit denen sie herumtollen und spielen können. Für die psychische und soziale Entwicklung der einzelnen Tiere ist es aber eher negativ, da das Korrektiv und die Erfahrung der älteren Generation fehlen, die kleine Rüpel in ihre Schranken weist und zögerlichere Gemüter schützend unter

Ein typischer Männerbund von Junghengsten, der gemeinsam loszieht, um die Welt zu erkunden.

ihre Fittiche nimmt. Noch schlimmer und verheerender für eine Pferdepsyche ist allerdings die leider viel zu oft gesehene Kombination „Mutterstute allein mit einem Fohlen hinterm Haus". Das Fohlen hat keinerlei Möglichkeiten, normales Verhalten in einer Herde zu lernen. Es verkümmert oft „sprachlich", da es ausschließlich den Umgang mit der Mutter und dem Menschen kennt. Kommen solche Tiere später abrupt in große Herden, weil sie verkauft werden und ein Leben als normales Reitpferd in einem normalen Pensionsstall leben müssen, haben sie oft extreme Probleme, sich einzugliedern und mit den anderen Pferden in einen adäquaten Kontakt zu treten. Sie haben schlicht „Sprachschwierigkeiten".

Ich kann nur jedem raten, der sich ein Pferd anschaffen möchte, unbedingt die Aufzuchtbedingungen des neuen Familienmitglieds zu erforschen. Hier können sich bereits einige Probleme bei der späteren Ausbildung und dem Einsatz als Reitpferd, Freizeitpartner oder aber Sportkumpel ergeben. Diese können körperlicher Natur sein, beispielsweise wenn die Pferde sich nicht ausreichend bewegen und im Spiel mit Artgenossen körperlich trainieren konnten oder eine schlechte ernährungstechnische und gesundheitliche Grundversorgung hatten. Sie können aber auch psychischer Natur sein, wenn wichtige soziale Komponenten nicht erlebt werden konnten. Pferde, die sehr reizarm aufgewachsen sind, können extrem ängstlich auf alles Neue reagieren. Im Gegenzug kann ein zu turbulenter, unruhiger Fohlenalltag auch zu sehr nervösen Verhaltensmustern führen. Das gesunde Mittelmaß und Abwechslung machen es aus – wie fast überall im Leben.

Auswirkungen der Ausbildung auf die Rangfolge

Es mag unwahrscheinlich klingen, aber der Mensch kann dadurch, wie er sein Pferd fördert und arbeitet, dessen Position in der Herde beeinflussen. Pferde, die sich auch unter dem Sattel permanent überfordert oder unverstanden fühlen, die oft Frustrationen wegstecken müssen, puffern diese Erlebnisse entweder mit einer erhöhten Aggression innerhalb der Pferdeherde oder ziehen sich immer mehr in sich zurück. Schafft der Besitzer es, das Pferd auf sich selbst stolz sein zu lassen, ihm Spaß am Reiten und dem Miteinander mit ihm zu geben, es zu motivieren und in sein körperliches und damit verbunden oft auch psychisches Gleichgewicht zu bringen, kann sich dies auch auf seine Position innerhalb der Gruppe auswirken: Es nimmt eine größere Gelassenheit und Freude mit zurück in die Herde. Auch Pferde umgeben sich lieber mit gelaunten Kumpanen als mit Motzköpfen. Da unterscheiden sie sich nicht so sehr von uns.

Oftmals verursacht das, was wir unter dem Sattel mit den Pferden anstellen, ihnen auch körperliche Schmerzen. Die Tiere werden durch die Reitarbeit, zum Beispiel durch das Training falscher Muskelgruppen, aus ihrem eigenen körperlichen Gleichgewicht gebracht oder befanden sich noch gar nicht in diesem. Dieser körperliche Mangel wirkt sich natürlich auch auf ihr psychisches Wohlbefinden aus.

So viel Körpereinsatz sollte möglichst nicht nötig sein, um ein Pferd respektvoll weichen zu lassen. Zigaretten gehören in keiner Situation ans Pferd!

Unterschiedliche Pferdetypen

Echte Pferdemenschen erkennen sehr schnell, mit was für einer Pferdepersönlichkeit sie es zu tun haben. Das macht sich an vielen kleinen Detailinformationen bemerkbar: Weicht das Pferd dem Menschen sofort oder büffelt es dagegen? Wie schaut es den Zweibeiner an – fordernd, neugierig, selbstbewusst oder eher zögerlich, mit schnellem Ohrenspiel und Habachtgesicht? Kommt es auf ihn zu, wenn dieser ihm auf der Weide oder dem Paddock begegnet, oder wartet es ab, zögert, läuft vielleicht sogar weg? Bereits diese ersten Eindrücke geben Einblicke in die Pferdeseele. Noch besser lässt sich der Charakter bei der Bodenarbeit jedweder Art beobachten und herausfinden.

Es beginnt mit dem Nähern. Bleibt das Pferd stehen, beachtet es den Menschen, scannt es ihn nach Leckerli ab, schubst es ihn zur Seite und versucht dessen Platz einzunehmen oder ihn sogar umzurennen? Wenn man sich in so einer Situation wiederfindet, hat man es entweder mit einem recht selbstbewussten, ranghohen Tier zu tun – oder aber einem, das schlicht völlig unerzogen ist und nie gelernt hat, mit dem Menschen in einen feinen Dialog zu treten.

Vorgetäuschte Stärke

Oftmals ist Rüpelhaftigkeit gar kein Zeichen von Frechheit, sondern von Unsicherheit. Wer nie gelernt hat, sich einem Menschenchef anzuvertrauen, muss diesen Job halt selbst übernehmen – denn einer muss es ja tun! Neben einer Rüpelhaftigkeit und vermeintlichen Frechheit einerseits, zeigen solche Tiere andererseits oft ein extrem ängstliches Verhalten, wenn es an Neues, wie zum Beispiel ungewohnte Ausbildungsgegenstände oder Aufgaben geht. Vorbei ist es mit dem angeblichen Selbstbewusstsein, das oftmals nur ein im übertragenen Sinn „lautes Singen im Angst einflößenden Wald" gewesen ist.

Weicht das Pferd dem Zweibeiner aus oder zuckt zurück, wenn man es anfassen will, zeigt es ein nervöses Ohrenspiel und Schweifschlagen, steht man einem sehr unsicheren Tier gegenüber. Ob diese Unsicherheit zu einem Rückzug bis zum Losreißen führt oder zum Angriff, hängt vom Druck ab, den der Mensch ausübt, und seiner Kompetenz, adäquat mit so einer Situation umzugehen.

Welcher Natur die Grenzüberschreitung des Pferdes dem Menschen gegenüber ist, erkennt man an all den zuvor in diesem Buch beschriebenen Mimiken und Körperhaltungen. Immer sind Ohrenspiel, Maulmuskulatur und Augenausdruck ein Indiz dafür, in welcher Stimmung sich das Tier befindet. Erst wenn der Mensch auf keines dieser Signale irgendwie reagiert hat, kommt weitere Körpersprache hinzu, um dem Gewünschten oder „Gesagtem" mehr Ausdruck zu geben. Sprich: Beißen, Schlagen, Flüchten, Losreißen.

Es würde den Rahmen sprengen, an dieser Stelle alle kleinsten Merkmale aufzeigen zu wollen, die helfen, ein Pferd richtig zu interpretieren. Dazu ist das alles auch zu abhängig von den äußeren Umständen, in denen man sich beim Umgang mit dem Tier befindet. Ich kann nur empfehlen, das eigene und andere Pferde immer wieder zu beobachten. Sich die Zeit zu nehmen, hinzuschauen. Ausbildern und Pferdemenschen bei der Arbeit mit den Tieren genau auf die Finger und Füße zu schauen, wenn sie mit den Tieren arbeiten und umgehen – vor allem dann, wenn dies leise und in Harmonie passiert und nicht mit viel Gebrüll, hohem Equipmentaufwand oder womöglich noch mit Schlägen.

Kommunikation im Umgang mit dem Menschen

Bislang galt es, die einzelnen Vokabeln der Körpersprache kennenzulernen und ihre „Grammatik" im Kontext mit anderen Pferden zu erkennen. Jetzt können wir das bisher Gelernte auf uns und unsere Arbeit mit dem Pferd anwenden. Neben dem Ausdrucksverhalten des Pferdes sollte man sich stets bewusst sein, dass das Pferd auch die Körpersprache des Menschen „liest" und interpretiert. Viele Menschen kennen jedoch entweder die Wirkung ihrer Körpersprache auf das Pferd nicht, oder sie schätzen ihre Körperhaltungen und deren Aussagen völlig falsch ein, geben also ungewollt die falschen Signale. Hier leisten ein kompetenter Trainer und gegebenenfalls Videoaufnahmen gute Dienste.

Im Rahmen dieses Buches soll es jedoch nicht um Bodenarbeits- oder Reittechniken gehen, sondern um die Sensibilisierung für das, was das vierbeinige Gegenüber dem Menschen entgegenbringt. Und darum, Fehler schneller zu erkennen – und sie vor allem auch mal bei sich selbst zu suchen und nicht immer beim Pferd. Wer behauptet denn von sich, evolutionstechnisch der Klügere, Denkende zu sein? Sollte der dann nicht auch dazu bereit sein, die Sprache seines angeblich dümmeren Gegenübers lernen zu wollen?

Stimmungsbarometer

Wünschenswert wäre es, wenn wir immer mit Freude und Neugierde zu unseren Pferden kämen, um uns mit ihnen zu beschäftigen. Dem ist aber nun mal nicht so. Oft wird es in unserem hektischen Alltag zu einer lästigen Verpflichtung, weil „der Gaul" halt noch bewegt oder versorgt werden muss. Im besten Fall versetzt uns die Beschäftigung mit dem Pferd nach einem stressigen Tag von unserer schlechten Stimmung in eine heitere, gut gelaunte.

Besser stehen die Chancen jedoch für eine erfolgreiche Zusammenarbeit, wenn der Mensch ausgeglichen in die Begegnung geht. Wer sich mit seinem Pferd beschäftigen will, sollte daher vorher einige Dinge beachten:

Wie bin ich selbst drauf?

Bin ich gestresst, angespannt und in Hetze von der Arbeit? Habe ich mich gerade über etwas geärgert? Bin ich schwach, völlig verspannt, kränklich, unsicher, dicht am Wasser gebaut? Keine guten Voraussetzungen, um sich ernsthaft mit dem Pferd zu beschäftigen. Mit Glück ist ein zufriedenstellendes Putzen oder Spazierengehen möglich. Selbst Longieren und Freilaufenlassen könnte mit so einer Grundstimmung zum unbefriedigenden Ergebnis führen. Eigentlich sogar gerade diese Beschäftigungen, da sie ganz besondere Aufmerksamkeit und Dialogfähigkeit von beiden Seiten brauchen.

Fühle ich mich wohl und voller Energie, bin gut gelaunt, ausgeschlafen und habe Lust, mich zu bewegen, mich auf andere einzustellen, befinde ich mich in meiner sogenannten Mitte? Das sind die besten Voraussetzungen, um mit dem Pferd Neues auszuprobieren oder an einer komplizierten Übung weiterzuarbeiten.

Jede Faser des menschlichen Körpers drückt in jedem Moment die derzeitige Gemütslage aus: hängende oder gestraffte Schultern, schleppender oder federnder Gang, energielose Bewegungen, Aufrichtung, Lächeln, fahrige Bewegungen, Lethargie, mit beiden Beinen fest auf dem Boden stehen, herumzappeln, Beine verknoten – alles Indizien

… und auch der Mensch signalisiert mit seiner Körpersprache eher abwartende Vorsicht.
Beide spiegeln sich wunderbar.

für unsere innere Verfassung. Auch wenn wir Menschen leider fast verlernt haben, zumindest bewusst, solche Körpersignale wahrzunehmen und in unsere täglichen Entscheidungen miteinzubeziehen, so registrieren viele sie noch unterbewusst. Pferde und andere Tiere aber sind auf sie angewiesen, um mit uns sicher umgehen zu können, sich auf uns einzustellen. Denn so bitter es ist: Sie sind es, die die wahre Kommunikationsarbeit im Zusammensein mit uns leisten und sich auf uns einstellen – sei es durch Arbeitsverweigerung oder Kooperation.

Feine Sensoren

Seien Sie sich Ihrer eigenen Gemütsverfassung bewusst und darüber, dass Sie sie mit jeder Faser Ihres Körpers ausdrücken und so dem Pferd mitteilen. Das Pferd wird immer ein Spiegel von Ihnen sein – im Guten wie im Schlechten.

Wie ist mein Pferd drauf?

Pferde haben genauso Stimmungsschwankungen, gute und schlechte Momente wie wir Menschen. Steht das Pferd auf der Weide oder dem Paddock mit anderen in einer Herde, sollte man sich etwas Zeit nehmen und jetzt schon beobachten, in welcher Stimmung es ist. „Chillt" es gerade entspannt oder liegt es womöglich, ist es erschöpft von der Hitze, durchweicht vom Dauerregen, erst seit 30 Minuten mitten im schönsten Gras – alles keine so guten Voraussetzungen, um anschließend ein besonders motiviertes Pferd unter dem Sattel zu haben. Oft kann man es eben nicht ändern und muss aus eigenen Termingründen in den Tagesablauf des Pferdes störend eingreifen. Man sollte dann nur darauf gefasst sein, dass man es etwas mehr motivieren muss, um für beide Seiten eine schöne Begegnung zu gestalten.

Wer bereit ist, hinzusehen und hinzufühlen, bekommt als Geschenk von seinem Pferd eine positive Zuwendung und Aufmerksamkeit.

Steht das Pferd eher gelangweilt in der Gruppe oder erwartet es mich vielleicht sogar schon am Zaun? Oder noch schöner: Es kommt auf der Weide oder dem Paddock neugierig auf mich zu – dann steht einem freudigen Arbeiten nichts im Wege. Und es ist ein Indiz dafür, dass entweder die Pferdeherde stinklangweilig ist oder die Arbeit mit dem Menschen dem Tier einfach Spaß macht.

Tierschutzrelevant

Pferde, die den ganzen Tag in der Box stehen müssen, sind fast immer froh, rauszukommen und mit dem Menschen etwas gemeinsam zu machen. Eine Tatsache, die in einigen Sport- und Ausbildungsställen ganz bewusst hingenommen wird, um ein stets motiviertes Pferd vorzufinden. Ich finde es ehrlich gesagt mehr als bedenklich und schlicht tierschutzrelevant, da es nichts mit artgerechter Tierhaltung zu tun hat, wie sie im Tierschutzgesetz in den Paragraphen 1 und 2 gesetzlich vorgeschrieben ist.

Ein guter Start

Viele Menschen, die Probleme damit haben, ihre Pferde von der Weide zu holen, erzeugen dieses Problem durch das Wie: Sie gehen zielstrebig und frontal auf das Pferd zu. So nähern sich in der freien Wildbahn nur Raubtiere ihrem Opfer. Oft trägt der Mensch das Halfter dabei auch deutlich vor sich. Eine Aktion, die „sauer gemachte" Pferde nur noch mehr abschreckt. Wenn das Pferd die Beschäftigung mit dem Menschen als unangenehm empfindet – aus welchen Gründen auch immer –, wird es auch sämtliche Ausrüstungsgegenstände damit verbinden. Eben auch das offen präsentierte Halfter. Probieren Sie es einmal aus: Gehen Sie ohne Halfter, Strick oder Sonstiges zu Ihrem Pferd auf die Weide. Streicheln Sie es, stehen Sie nur neben ihm, geben Sie vielleicht auch noch ein Leckerchen und gehen Sie dann wieder weg. Erlebt das Pferd seinen Menschen öfter einfach nur als netten Kontakt, ohne Arbeitsabsicht,

Kommt das Pferd dem Zweibeiner so neugierig und positiv auf der Weide entgegen, spricht alles für eine erfolgreiche, freudvolle Zusammenarbeit.

wird auch das Einfangen leichter fallen. Wenn man das Pferd dann tatsächlich zum Arbeiten von der Weide holen will, schafft es wesentlich mehr Vertrauen, wenn man das Halfter über die Schulter hängt und scheinbar am Pferd vorbeigeht, sich eher in großen Bögen nähert. Der Schritt des Zweibeiners ist dabei mehr schlendernd als zu forsch. Man schaut es nicht direkt an, sondern scheint sich für etwas ganz anderes zu interessieren. Alternativ kann man auch erst zu einem anderen Pferd gehen und es kurz streicheln. Das weckt fast immer die Aufmerksamkeit des Pferdes, das eigentlich „dran" ist.

Ich bleibe dann gern zwei, drei Meter oder sogar noch weiter vor dem Pferd stehen, die Schultern eher seitlich gedreht, schaue es nicht direkt an und warte ab, ob es vielleicht von selbst zu mir kommt. Ein erstes Indiz für das „Lust-Level" des Tieres, mit mir etwas zusammen zu unternehmen. In fast allen Fällen spitzt es die Ohren, wird neugierig und kommt auf mich zu. Erst dann nähere ich

mich ihm ebenfalls, lege seitlich am Kopf stehend erst den Strick über den Hals und streife dann das Halfter über den Kopf. Ganz hartnäckige Ignoranten mache ich auch mal mit einem Biss in eine Möhre neugierig, mache mich im wahrsten Sinne des Wortes schmackhaft. Doch Vorsicht, wenn noch andere Pferde in der Nähe sind! Das kann zu schlimmen Rangeleien führen.

Für mich beginnt die Arbeit mit dem Pferd also bereits in dem Moment, in dem es aus der Herde oder der Box geholt wird. Nicht nur, um bereits zu registrieren, wie es drauf ist, sondern auch, um durch das eigene Verhalten die Weichen für die weiteren Stunden zu stellen.

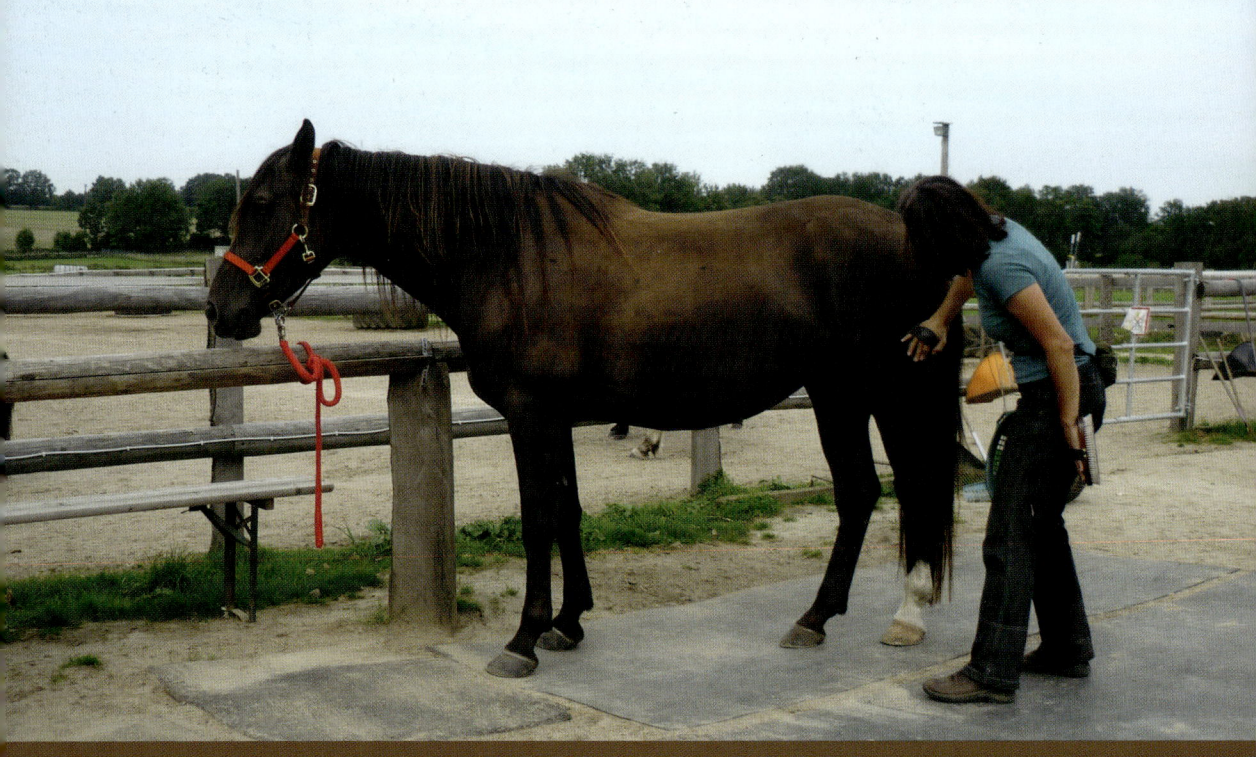

Die Stute hat ihre Besitzerin die ganze Zeit „im Blick", was das ihr zugewandte Ohrenspiel signalisiert. Ihr Maul zeigt ganz leicht den Fellpflege-Ausdruck, das Auge ist ruhig und groß. (Foto: Daniela Bolze)

Putzen

Bereits beim Putzen senden Pferde jede Menge Signale. Angefangen bei den Ohren, den genüsslich geschlossenen Augen, der angespannten Maul- und Körpermuskulatur, dem entspannten Schildern oder dem nervösen Schweifschlagen und Herumtänzeln. Wer sein Pferd dabei aufmerksam beobachtet, findet schnell heraus, welche Bürste, wie viel Druck und welche Körperstelle seinem Pferd unangenehm ist.

Meine Fjords genießen es alle, richtig kräftig mit der Wurzelbürste gestriegelt und massiert zu werden. Würde ich mich dem Alabasterkörper des Spaniers Valeroso auch nur auf wenige Meter mit diesem Folterinstrument nähern, ginge er in die Luft. Für ihn und sein seidiges Fell sind Naturhaarbürsten und Lammfellhandschuhe gerade gut genug.

Jedes Pferd hat seine ganz individuelle Wohlfühlzone, an der es besonders gern geputzt und gestreichelt werden mag. Jeder Pferdebesitzer sollte sich die Zeit nehmen, diese herauszufinden. Der Vierbeiner signalisiert es durch eine sehr entspannte Körperhaltung, leicht geschlossene oder nach innen gekehrte Augen und leicht seitlich gedrehte Ohren. Oft wird auch ein Hinterbein entlastet. Manche Pferde drängen sich auch geradezu mit dem Hinterteil gegen den Menschen, weil sie es besonders schätzen, hinten auf der Kruppe und im Schweifrübenbereich gekrault zu werden. Ist man darauf nicht vorbereitet, wird es auch schon mal als Drohung fehlinterpretiert – dabei ist es nur eine Aufforderung zur Fellpflege. Bei uns machen das vor allem die Fohlen, die von klein auf so von uns verwöhnt wurden.

Die Versuche, den Fjord zum Hufheben zu bewegen, bleiben zunächst erfolglos, da der Graue mit seiner Aufmerksamkeit ganz woanders ist. Zusätzlich entlastet er auch noch das linke Hinterbein und ist so gar nicht dazu in der Lage, das geforderte linke Vorderbein zu geben. (Fotos: Daniela Bolze)

Nachdem das Mädchen sich die Aufmerksamkeit des Pferdes gesichert hat, kann sie ihm die Hufe problemlos auskratzen.

Beim Putzen sollte man darauf achten, dass man nicht nur sein Pferd immer im Auge behält, sondern auch umgekehrt. Seine Ohren oder zumindest ein Auge sollten immer auf den Menschen gerichtet sein, sodass es weiß, wo er sich befindet und ihm nicht versehentlich auf den Fuß tritt oder ihn umrempelt. Stelle ich fest, dass das Pferd mit seinem Interesse ganz woanders ist, spreche ich es an oder schicke seine Hinterhand herum. Diese Aufmerksamkeit von beiden Seiten sorgt einfach für eine bessere Unfallverhütung.

Diese geht bei einem sicheren Anbindeplatz weiter: keine Harken, Besen, Decken oder andere Dinge, die umfallen oder herunterfallen könnten und somit das Pferd erschrecken. Auch der Anbinder muss wirklich sicher sein und auch ein Zurückziehen des Pferdes aushalten. Ist das nicht garantiert, darf man das Pferd dort nicht anbinden. Generell ist es sinnvoll, das Pferd nicht unbeaufsichtigt am Anbinder stehen zu lassen, sondern vorher alles fürs Putzen und Satteln bereitzulegen.

Hufegeben ist ein Indiz dafür, ob man ein gut erzogenes Pferd hat. Es empfiehlt sich, grundsätzlich in der gleichen Reihenfolge auszukratzen, sodass es die Möglichkeit hat, mitzumachen. Meistens hebt es bereits vorzeitig das Bein an. Klappt es gar nicht, ist das entweder ein Zeichen für Schmerzen oder aber für Respektlosigkeit dem Zweibeiner gegenüber. Sehr zögerliche, ängstliche Menschen haben oft Probleme, die

Pferde zum korrekten Hufegeben zu überreden. Zum einen ist deren Körpersprache oft zu unsicher und unklar; zum anderen ist es für ein Pferd auch eine Vertrauenssache, sich als Fluchttier auf drei Beine zu begeben. Da muss derjenige, der es von ihm verlangt, schon selbst vertrauenswürdig sein.

Gerade als Besitzer eines jungen Pferdes sollte man jemanden suchen, der erfahren und sicher genug ist, dem Pferd das problemlose Hufegeben beizubringen – damit es für den Rest des Zusammenlebens zu einer angenehmen Tätigkeit wird. Unfallträchtig sind auch immer wieder Situationen, wo Pferde dicht beieinander angebunden sind und miteinander Streitigkeiten ausfechten, zwischen die der Mensch dann eher zufällig gerät. Deswegen ist es so wichtig, sein Pferd auch bei so harmlosen Aktivitäten wie dem Putzen stets im Auge zu behalten. Greift der Zweibeiner nicht rechtzeitig genug durch ein reglementierendes Wort oder ein Herumführen des Pferdes ein, kann er schnell „übersehen" werden und vom aggressiven Pferd umgerempelt werden oder sogar den Schlag abbekommen, der eigentlich für den Kumpel bestimmt war.

Beim Putzen des Bauches kann man bereits erkennen, ob es eventuell beim späteren Satteln Probleme geben kann. Schlägt das Pferd schon bei der Berührung der Bürste nervös mit dem Schweif und legt womöglich die Ohren zurück, kann man sicher von einem Gurtzwang ausgehen.

Shetlandpony Fiete ist beim Gurtanziehen empfindlich, was es mit zurückgelegten Ohren und Schweifschlagen verdeutlicht. (Fotos: Daniela Bolze)

Verstärkend zu den bisherigen Drohgebärden kommt jetzt noch der angehobene Kopf hinzu und der Versuch, seitlich zu schnappen. Tessa kennt das schon und ist dementsprechend vorsichtig.

Satteln und Trensen

Hat ein Pferd Probleme mit seinem Sattel, zeigt es das oftmals bereits mit einem Schritt zur Seite, wenn man sich mit dem Sattel nur nähert. Versucht es auszuweichen, sollte man bereits nachdenklich werden und auf alle Fälle die Passgenauigkeit überprüfen (lassen) und die Rückenlage abtasten, ob es dort schmerzhaft reagiert. Viele übersehen diese ersten Anzeichen von Unwohlsein. Das Ausweichen kann neben einem Signal für einen unpassenden Sattel oder Gurtzwang aber auch ein Zeichen dafür sein, dass das Pferd insgesamt mit der Reitarbeit ein Problem hat.

Im positiven Fall macht das Pferd dem Zweibeiner einfach nur freundlicherweise Platz, damit er den Sattel auflegen kann. Bei diesem freundlichen Weichen bleiben Ohren und Maul entspannt und der Schweif zeigt keinerlei Aggressionen.

Es lohnt sich also, bei allen Tätigkeiten rund um das Pferd genau hinzusehen, mit welchen Körperreaktionen es auf menschliche Aktionen reagiert. Nichts anderes tun sogenannte Pferdegurus. Sie zerlegen den Umgang mit den Pferden in viele kleine Teilbereiche und beobachten beziehungsweise registrieren jede kleinste Reaktion.

Ein Pferd, das beim Reiten bockt, weil der Sattel schmerzt, wird dies bereits beim Satteln mit den geschilderten Reaktionen zeigen und nicht erst unter dem Reiter. Man darf sie nur nicht übersehen.

Das Gros der Pferde ist unglaublich fair zu uns. Sie zeigen ihre Absichten gut nuanciert. Erst wenn der Mensch auf keine ihrer angedeuteten Drohungen reagiert, greifen sie schmerzhaft durch. Wem ist der Vorwurf zu machen: dem, der nicht zuhören kann, oder dem, der auf vielen Wegen sein Unwohlsein auszudrücken versucht? Auch für das Trensen gilt: Wenn man es so gestaltet, dass das Pferd das Maul zum Aufnehmen des Gebissstücks aufmacht und man das Eisen nicht einfach gegen die Zähne drückt, sollte es eigentlich keine Probleme geben – erst recht nicht, wenn es sofort mit einem Leckerli belohnt wird. Reißt das Pferd beim Trensen immer wieder den Kopf hoch, versucht sich dem zu entzie-

hen, sollte man das Gebiss auf scharfe Kanten und die Trense auf ihre Passgenauigkeit überprüfen. Genauso wichtig ist es, die Zähne des Pferdes auf Haken und Wellen untersuchen zu lassen und nachzuschauen, ob das Gebiss gegen die Hengstzähne stößt.

Im Winter empfiehlt es sich, die eiskalten Metallgebisse anzuwärmen, bevor man sie dem Pferd ins Maul schiebt. Entweder in den eigenen Händen oder indem man sie eine Weile unter die Jacke steckt. Warmes Wasser hat sich auch bewährt. Aber Vorsicht: Manchmal können sie dann zu heiß werden.

> *Sattelprobleme*
>
> *Eine Pferdebesitzerin bat mich, ihr zu helfen. Ihre Stute griff sie mit gebleckten Zähnen an, wenn sie mit dem Sattel die Box betreten wollte. Ich bat sie, den Sattel wegzulegen, und konnte dann problemlos ohne Sattel an die Stute heran. Diese zeigte schon bei kleinster Berührung am Rücken große Schmerzreaktionen, indem sie mit dem Schweif schlug, den Rücken reflexartig nach unten drückte und die Ohren anlegte. Auf Nachfragen kam heraus, dass sich die Sattelproblematik langsam gesteigert hatte: Tänzeln, Schweifschlagen, Beißen, Ausschlagen, Losreißen vom Anbinder. Schließlich wich man in die Box aus, weil die Stute immer „frecher" wurde. Niemand war offensichtlich dazu in der Lage, die verzweifelten Signale der Stute richtig zu deuten, mit denen sie ihre Schmerzen mitzuteilen versuchte. Über ihre Rittigkeit müssen wir an dieser Stelle gar nicht reden ...*

Führen und Bodenarbeit

Ich bin immer wieder erstaunt, wenn Pferdebesitzer unter Führen verstehen, ihr Pferd irgendwie von A nach B zu ziehen. Diese oft unharmonisch anmutenden Szenen setzen sich bei solchen Paaren leider meistens auch unter dem Sattel fort und bieten gute Beispiele für nicht stattfindende Kommunikation.

Für Pferde ist das „Wer bewegt wen?" eines der zentralen Themen in ihrem Leben. Also sollten wir uns darauf einstellen und diese eigentlich recht einfach umzusetzenden Techniken auch lernen und anwenden, weil sie so viel zu einem klaren, sicheren und harmonischen Verhältnis beitragen.

Glücklicherweise gibt es in den letzten Jahren immer mehr seriöse Ausbilder, die sich vor allem auf Bodenarbeit unter Einbeziehung der korrekten Körpersprache und Kommunikation spezialisiert haben. Deswegen möchte ich hier einmal mehr sensibilisieren und den Blick schärfen und keine umfassende Lehre über Führtechniken schreiben.

Für Pferde ist das Geführtwerden eine Sache des Vertrauens und der Dominanz. Es ist etwas, das sie täglich zu jedem Moment in der Herde miteinander tun – auch ohne Strick und Halfter. Der dient uns Menschen beim Führen schlicht zur Sicherung, sollte das Pferd sich dem „Gespräch" mit uns entziehen und weglaufen wollen. Das eigentliche Führen findet durch die Körperposition sowie richtig dosiertes Treiben und Bremsen statt.

Die meisten Pferde, die kein korrektes Führen mit dem Menschen gelernt haben, reagieren allerdings nicht skeptisch oder angriffslustig, sondern eher büffelig. Sie rempeln, lassen sich ziehen oder gehen einfach weiter, wenn der Mensch eigentlich stehen bleiben will. Alles Anzeichen dafür, dass die Rangfolge nicht geklärt ist beziehungsweise das Pferd sich eindeutig als Chef versteht. Umso wichtiger sind klare Grenzen durch eine klare, unmissverständliche Körpersprache. Das kann durchaus auch mal den drastischen Einsatz eines Rucks am Halfter, eine vor

der Nase geführten Gerte – sei es nur das Zeigen und Wedeln der Gerte im Gesichtsfeld, die Berührung an der Brust, der deutliche Einsatz des Gertenknaufs auf der Nase bei ganz „schwerhörigen" Ponys – oder das schwingende Seil bei hartnäckigen Fällen zur Folge haben. Ist das einmal eindeutig und emotionslos geklärt, wird sich auch das Pferd entspannen und sicher folgen.

> *Die Weichen richtig stellen*
> *Bereits im Fohlenalter kann der Mensch die Weichen für später stellen und besonders umsichtig mit dem Führtraining beginnen. Bei unserem Fohlen Pearl habe ich leider grobe Fehler gemacht. Anfangs haben wir schön zu dritt geführt, mit der Hauptaktion an der Hinterhand. Um diese wurde entweder ein weicher Strick gelegt oder eine Person schob bei Bedarf von hinten kurz an. Dann, als ich doch mehr Einfluss über den Strick und am Kopf haben wollte, habe ich mich leider auf ein Ziehduell eingelassen, in dessen Folge Pearl sich hat hinfallen lassen. Der Schreck war auf beiden Seiten groß. Seitdem ist aus ihr eine eher zögerlich Geführte geworden, die das ganze Thema sehr skeptisch betrachtet. Ganz anders Grazina. Aus den Fehlern gelernt, führte ich sie anfangs nur in einem ganz begrenzten Raum, sodass sie gar nicht erst das Bedürfnis zum Wegspringen entwickelte, weil es keinen Platz dazu gab. Mama Baschka war dabei immer an ihrer Seite. Es gab nicht einmal ansatzweise eine Gegenwehr und sie folgt heute brav und flüssig. Das Vertrauen in diese Interaktion mit dem Menschen ist für sie so gefestigt, dass sie es bisher niemals infrage gestellt hat. Begegnen wir ihr unbekannten, Furcht einflößenden Dingen, wie Autos und Planen, folgt sie nach kurzem Zögern vertrauensvoll. Wobei ich nicht ziehe, sondern abwarte und ruhig bleibe.*

Wichtig ist, gerade beim Führen pingelig und genau zu bleiben, was die Führposition und die einzelnen Schritte anbelangt. Man kann sein Pferd dazu auffordern, hinter dem Zweibeiner zu bleiben oder auch mit seiner Schulter oder seinem

Kopf an der Seite des Menschen oder sogar vor ihm. Welche Position man wählt, entscheidet oft die räumliche Situation (Engpässe, Verladen, Straßenverkehr und vieles mehr). Dass diese Position beibehalten bleibt, bis der Mensch sie auflöst, das ist das Entscheidende.

Elementare Pingeligkeit

Es ist der eine Schritt – manchmal sogar nur ein halber –, den sich dominante Pferde versuchen herauszunehmen, der über Führen und Geführtwerden entscheidet: nach dem Anhalten noch einen Schritt weiterzugehen, egal ob nach vorn, nach hinten oder zur Seite. Auch den Zweibeiner weiter zu überholen, als dieser es durch seine Körperposition zulässt, oder anzutreten, bevor das ausdrückliche Signal dazu kommt, sind beliebte Tests. Das muss man als Mensch einfach wissen, wenn man wirklich der Chef sein möchte. Auch wenn mir der eine Schritt unwichtig sein mag: Für das Pferd ist er elementar und muss deswegen unterbunden werden. Am besten, indem ich von Anfang an so dominant auftrete, dass es diesen Schritt nicht wagt. Dazu bedarf es einer klaren Körpersprache. Wenn der Schritt erst einmal getan ist, muss ich das Pferd wieder dorthin zurücktreten lassen, wo ich es anhalten/positionieren wollte, also die Schritte zurück verlangen.

Bei der Beschäftigung vom Boden aus hat man die wunderbare Möglichkeit, die Reaktionen des Pferdes sehr genau beobachten zu können, da man es ganz im Blick hat und nicht nur teilweise, wie vom Sattel aus. Wie reagiert es auf Neues, wie schnell entspannt es sich, wie sind seine Ausdrucksformen für Neugierde, Angst, Lustlosigkeit?

An der Mimik der Pferde kann man sehr gut erkennen, ob sie Angst haben, Unlust oder nur verunsichert sind. Je nachdem muss ich als Mensch darauf reagieren. Reiner Lustlosigkeit entgegne ich mit viel mehr Druck als purer Angst. Auch

wenn beide Pferde sich weigern mögen, das Gewünschte auszuführen, braucht es doch ganz andere Reaktionen. Aufgerissene Augen und eine extrem verspannte Maulpartie sprechen immer für Angst und Unsicherheit.

Wenn ich mit einem Pferd arbeite, muss ich mich vor allem auch davon überzeugen, das es mir überhaupt zuhört.

Das junge Fjordpferd ist mit seiner Aufmerksamkeit nicht bei dem Mädchen, sondern nach vorn orientiert und hat die Führung übernommen.

Ein schönes Beispiel für sicheres Heranführen an unbekannte Situationen: Das Pferd setzt sich neugierig, aber nicht ängstlich mit der Plane auseinander, die korrekte Führposition im Verhältnis zum Menschen bleibt erhalten und dieser zeigt eine sichere Körperspache.

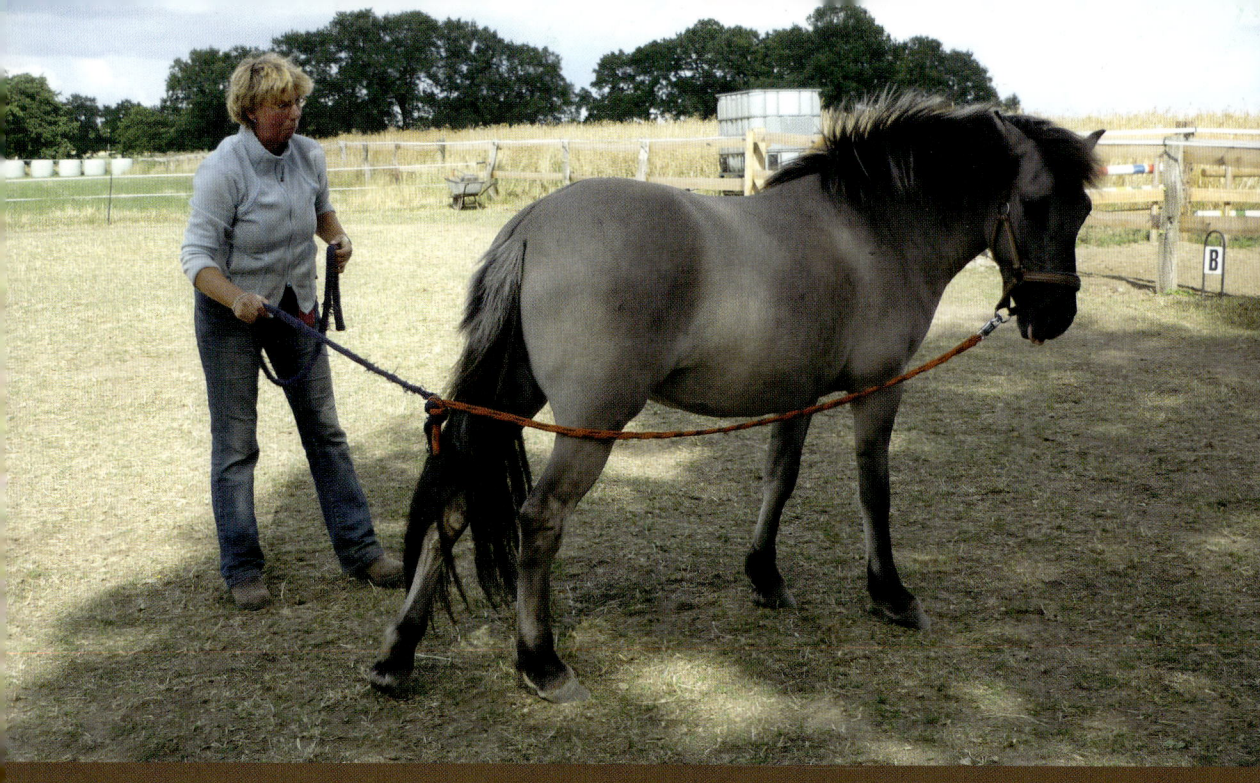

Bei der – etwas improvisierten – Seilübung soll Baschka mit dem Kopf nachgeben und mit der Hinterhand weichen. Erst zögert sie und versteht nicht. Als ich den leichten Zug am Strick aufrechterhalte, gibt sie nach und beginnt zu lecken. Das Lob folgte auf dem Fuße durch das Wegfallen des Seilzuges und ein verbales Lob.
(Foto: Daniela Bolze)

Was bedeutet das Lecken und Kauen?

Bei der Beschäftigung vom Boden kommt – wie kann es auch anders sein – dem Ohrenspiel, der Maultätigkeit und den Augen ebenfalls eine wichtige Rolle zu. Gerade bei der Maultätigkeit gibt es hier das sogenannte Ablecken oder Abkauen, das von den Pferden eingesetzt wird, um ein psychisches Nachgeben oder auch eine Entspannung anzudeuten. Wahrscheinlich ist es ein Rudiment aus der Unterlegenheitsgeste, dem bereits erwähnten Fohlenkauen. Bei der – mittlerweile durch den immensen Druck, der dabei manchmal ausgeübt wird, umstrittenen – Roundpen-Arbeit wird das Lecken der Lippen zum Anlass genommen, das Pferd zum Reinkommen aufzufordern. Es gilt als Indiz dafür, dass sich das Pferd in dem Moment unterwirft. Für mich ist es immer ein

Zeichen dafür, dass das Pferd eine Reglementierung anerkannt und akzeptiert hat. Es stellt eine Art „Peace-Zeichen", eine Unterordnung dar. Leckt sich ein Pferd die Lippen, höre ich sofort mit dem Druck auf und lobe es. Meistens sieht man es, wenn man das Pferd rückwärtsrichtet, um es in seine Schranken zu verweisen. Oder wenn man Druck aufbauen musste und das Pferd dem plötzlich nachgibt. Hat der Vierbeiner nach dem Menschen geschnappt oder ihn fast überrannt und wird dafür bestraft, zeigt das Ablecken eine Art Unterwerfung. Im Anschluss daran kann man wieder neutral und positiv weiterarbeiten. Für mich ist ein Aufrechterhalten des Drucks, auch wenn das Pferd nachgegeben und geleckt hat, unhöflich und missverständlich. Ich möchte ja ein feines und kooperatives Pferd haben – dazu gehört Fairness im Umgang. Gibt mein Gegenüber physisch oder mental nach, dann muss ich auf dieses Kommunikationsangebot eingehen, wenn ich ein gutes Gespräch führen möchte. Denn das effektivste und stets zur Verfügung stehende Lob ist das Nachlassen von Druck. Mache ich trotzdem weiter, ist es für das Pferd sinnlos, nachzugeben/hinzuhören, da der Druck bestehen bleibt. Entweder wird es widersetzlich und stur oder es wird unsicher. Im schlimmsten Fall stellt es sich gegen den Menschen.

Longieren

Das Longieren mit der einfachen oder Doppellonge ist eine wichtige Stufe in der Ausbildung zum Reitpferd. Wie wichtig dabei die Körpersprache, -spannung und -position des Menschen ist, setze ich als bekannt voraus und kann hier keine detaillierten Anweisungen dazu geben. Auch dafür gibt es hervorragende Bücher. Hier geht es um die Ausdrucksformen des Pferdes bei dieser Arbeit.

Da das Longieren meist in einem Roundpen oder Longierzirkel durchgeführt wird und auch über die Longe der Raum begrenzt wird, kann man einen immensen Druck auf das Pferd ausüben, wenn man es falsch macht.

Join-Up®

Beim klassischen Join-Up® befindet man sich mit dem frei laufenden Pferd in einem begrenzten engen Raum, einem Longierzirkel oder Roundpen, und schickt das Pferd mit mehr oder weniger Druck mithilfe der Körperposition, -spannung und eines langen Seils, das in Richtung Pferd geworfen wird, vorwärts. Das kann für unsichere Pferde sehr beängstigend sein. Ranghohe Pferde, die sich bedroht fühlen, kann es sogar zu einem Angriff auf den Menschen provozieren.

Als Herdentier sucht das Pferd die Nähe zu anderen – in der Not auch zu dem unbekannten Menschen. Um von Anfang an die Chefposition einzunehmen, treibt der Mensch beim Join-Up® das Pferd von sich weg, wie es der Herdenchef mit „Neuen" tun würde. Man bestimmt darüber, wo das Pferd sich in welchem Tempo aufhalten darf. Da es die Nähe instinktiv braucht, wird es sich annähern wollen – was der Mensch dann zulassen kann. Hört sich simpel an, ist aber sehr elementar für das Pferd und kann – falsch ausgeführt – viel kaputt machen.

Auch fürs Longieren sollte man einen begrenzten, sicheren Raum wählen. Würde man eine offene Fläche für diese Arbeit nehmen, versuchten sehr viele Pferde, sich durch ein Ausbrechen nach außen zu entziehen. Dies kann schmerzhaft für Nasenrücken oder Maul sein, je nachdem, wo die Longe befestigt ist – oder aber für die Menschenhand, wenn keine Handschuhe getragen werden. Es haben sogar Longenführer ihre Fingergliedmaßen eingebüßt, weil sich die unachtsam geführte Longe beim Wegstürmen des Pferdes um die Finger geschlungen hat.

Man sollte also sehr umsichtig mit dem Thema umgehen und junge Pferde von kompetenten Ausbildern anlernen lassen, die im Longieren Erfahrung haben.

Bei der Arbeit mit der Longe geht es darum, das Pferd von unten arbeiten und gleichzeitig beobachten zu können. Ich kann erkennen, wann psychische und physische Verspannungen oder Entspannung entstehen, wie weit der Rücken schwingt, die Beine untertreten, der Schweif nervös schlägt oder entspannt pendelt.

Voraussetzung für einen Dialog mit dem Pferd ist einmal mehr seine Aufmerksamkeit. Beim Longieren und auch der Freiarbeit sollte immer das innere Ohr dem Menschen zugewandt sein. Ist dem nicht so, holt man sich die Aufmerksamkeit durch Stimm- oder Peitschensignale. Geht das Ohrenspiel des Pferdes permanent nach außen oder auf andere Dinge als auf den Longierenden, muss man überprüfen, ob das Umfeld genügend Ruhe für ungestörtes Arbeiten bietet, das Pferd anderweitig gestresst ist (Herdenstress, Stallwechsel, Krankheit, Überforderung mit der gestellten Aufgabe) oder ob man selbst die falschen Signale gibt.

Das Pferd geht entspannt und locker mit aufgewölbtem Rücken mit einem Chambon als Hilfszügel, das innere Ohr ist bei der Longierenden. Beide spiegeln sich in ihrer Souveränität und Konzentration.

Fordert der Zweibeiner Dinge, die das Pferd ängstigen oder verunsichern, wird es versuchen, ihn auch mit dem äußeren Auge zu fixieren. Unter Umständen reagiert es mit einem unwirschen Kopfschlagen. Bleibt der Mensch dann treibend dran, kann es passieren, dass das Pferd ihm das Hinterteil zuwendet und versucht, nach ihm zu schlagen, während es losbuckelt. Keine schöne Arbeitsatmosphäre. Abrupte Richtungswechsel sind ebenfalls ein Zeichen für Überforderung oder Lustlosigkeit, aber auch von Dominanz des Tieres gegenüber dem Menschen.

In all diesen Fällen empfiehlt es sich, einen Gang runterzuschalten: wenn möglich in eine langsamere Gangart oder innerhalb der gleichen Gangart weniger Druck durch die eigene Körperposition und Peitschenhilfe auszuüben und so für mehr Entspannung zu sorgen. Das Longieren im Schritt klappt allerdings nur dann, wenn die Pferde entspannt sind.

Schnellstarter
Meinen bewegungsfreudigen Spanier lasse ich durchaus das Anfangstempo selbst wählen, und so trabt er sich in Ruhe ein. Als Offenstallbewohner besteht kaum die Gefahr eines muskulären Kaltstarts, und er kann seine Arbeitsübermotivation gut über Bewegung kompensieren. Anfangs habe ich auf der Gangart Schritt zu Beginn bestanden und als Ergebnis ein völlig verspanntes Pferd gehabt. Mit dem frei gewählten Tempo reguliert er sich selbst innerhalb von drei, vier Runden und ist dann offen für meine Wünsche. Wenn ich aus gesundheitlichen Gründen erst eine Schrittphase brauche, dann führe ich solange.

Neigen die Pferde zum unkontrollierten Wegrennen, empfiehlt es sich, bei solchen Auseinandersetzungen noch einmal zur Führarbeit überzugehen, bei der man dichter am Pferd arbeitet. So kann man dem Vierbeiner Ruhe und kleine

Ein junges Pferd bei seinen ersten Longierversuchen. Es ist ganz offensichtlich sehr angespannt, sein Gesichtsausdruck, aber auch seine Körperspannung und da vor allem der feste Unterhals verraten.

Kurze Zeit später „explodiert" er, tritt nach vorn aus, der Schweif schlägt extrem und das Gesicht zeigt deutliche Stressanzeichen.

Erfolge vermitteln und sich dann wieder langsam entfernen, um auf großen Linien zu arbeiten. Dabei ist es ratsam, immer die Maul-, Unterhals- und Schweifspannung im Blick zu behalten. Je schneller man eine beginnende Verspannung am Maul oder am Schweifschlagen erkennt, desto eher kann man mit kleinen Hilfen reagieren.

Das Tempo geschmeidig an der Longe zu bestimmen, erfordert ein hohes Maß an Können und Kompetenz von Pferd und Mensch. Zwar hat man es durch die lange Leine und die äußere Begrenzung immer unter räumlicher Kontrolle, kann aber nur schwer bremsend einwirken, wenn das Pferd partout nicht hören will. So bleibt dem Longierenden nur, es entweder sehr deutlich mit dem Körper und dessen Position vor dem Pferd anzuhalten beziehungsweise langsamer zu machen, mit der Longe den Zirkel zu verkleinern oder das Pferd ganz in die Mitte zu holen. Beides sind Aktionen, die das Gleichgewicht und Gleichmaß stören können.

Schöne Erfolge kann man auch erzielen, indem man genau beobachtet, zu welcher Gangart das Pferd tendiert, wenn man mit der Longenarbeit anfängt. Noch bevor es in den Trab oder Galopp wechselt, gibt man das verbale Kommando und lobt es. Bei einem Tempowechsel in die nächstlangsamere Gangart genauso. Man macht also den Gedanken des Pferdes zur eigenen Idee. Dabei muss man allerdings sehr genau hinsehen, um den richtigen Moment zu erwischen: Hebt es den Kopf und den Schulterbereich, um mehr Schwung zu holen, oder lässt es sie fallen, um langsamer zu werden? Dabei bleibt man der Chef, weil das Pferd das Kommando ausführt, und kann loben. Lob schafft eine angenehme, motivierende Arbeitsatmosphäre. Je besser sich die Kommandos verfestigen, desto entspannter kann der Mensch die Gangarten aus jeder Lage heraus bestimmen, ohne Stress zu verursachen. Um korrekt und effektiv longieren zu können, muss man vor allem den Bewegungsmechanismus des Pferdes kennen und beobachten, um wahrnehmen zu können, wie entspannt oder verspannt es ist und wie aktiv oder aggressiv es reagiert. Ob diese Arbeit für das Pferd angenehm oder stressig ist, verdeutlicht neben den angespannten oder entspannten Halsmuskeln wieder der Gesichtsausdruck. Angelegte Ohren, verspannte Maulpartie, aufgerissene oder zu Schlitzen verengte Augen? Nicht gut. Hochgezogene Nüsternränder und nach hinten gedrehte Ohren – das Pferd ist einfach nur genervt. Das ist oft bei Pferden zu beobachten, die zur Rekonvaleszenz nach einer Lahmheit über Wochen nur longiert werden dürfen. Sie bekommen bereits vor dem Roundpen ein ablehnendes Gesicht. Zu Recht, denn immer nur im Kreis zu laufen, ist stinklangweilig.

Den Gesichtsausdruck des Pferdes sollte man auch dann ganz genau beobachten, wenn man Ausbindezügel einsetzt. Sind sie zu kurz oder setzt man sie zu früh in der Ausbildung ein, bevor das Pferd auch nur ansatzweise in seinem körperlichen Gleichgewicht ist, kann dies regelrechte Panik auslösen. Also lieber etwas länger anfangen und dann langsam verkürzen, als das Pferd damit zu überfallen. Bei Angst öffnen sich die Augen weiter, der Hals versteift sich – vor allem die Unterhalsmuskulatur – und der Rücken wird fluchtbereit nach unten weggedrückt.

Spannungsbogen

Bei psychischem und/oder physischem Stress spannen sich als Erstes die Muskeln am Kiefergelenk an, dann die Genickmuskeln und deren Gegenspanner, die Unterhalsmuskeln. Jeder Muskel, der angespannt ist und damit arbeitet, wird auch trainiert – also auch der unerwünschte, angespannte Unterhals. Mit der Longen- und eigentlich auch mit der Reitarbeit will man den Rücken stärken und nicht die Unterhalsmuskulatur. Also muss man darauf achten, dass dieser sich entspannen kann, um die tragende Bauchmuskulatur arbeiten zu lassen. Da die Muskulatur von der Schweifrübe bis zum Halsansatz hinter den Ohren zusammenhängt, bedeutet eine Kontraktion des Unterhalses auch gleichzeitig ein Wegdrücken des Rückens. Sorgt man dafür, dass der Hals entspannt nach vorwärts-abwärts gehen kann, streckt sich die Rückenmuskulatur.

Pferde können sich sowohl durch die Flucht nach vorn der Arbeit entziehen, indem sie losgaloppieren, flüchten, oder aber auch stehen bleiben, sich mit dem Kopf zum Menschen drehen und ihn fixieren. Im ersteren Fall sollte man, wie beschrieben, erst wieder das Vertrauensverhältnis festigen, einen Schritt zurückgehen, bevor man die Arbeitsfläche zu groß gestaltet und das Tempo zu hoch. Beim Eindrehen kann es sich auch um Verständigungsschwierigkeiten handeln: Der Mensch hat sich mit seiner eigenen Körperpositionierung und der Peitschenhilfe so unklar ausgedrückt, dass das Pferd ihn einfach nicht versteht. Gerade ranghohe Pferde oder auch sehr selbstbewusste Ponys drehen sich dann gerne ein. Im besten Fall fragen sie nach eindeutigeren Signalen, was man an den nach vorn gespitzten Ohren erkennen kann. Im ungünstigen Fall entziehen sie sich so und versuchen eventuell sogar anzugreifen. Dabei sind die Ohren nach hinten gelegt, das Maul verspannt, die Nüstern hochgezogen. So dominante Pferde gehören ausschließlich in Könnerhand! Deswegen gebe ich hier keine Lösungsvorschläge, die dann möglicherweise zu schweren Unfällen führen könnten.

Ausdrucksverhalten beim Reiten

Natürlich sendet das Pferd auch unter dem Sattel ständig Informationen darüber, wie es sich fühlt, ob es Spaß oder Schmerzen hat, über- oder unterfordert ist. Man muss nur bereit sein, hinzuhören und hinzufühlen. Tagesformabhängig gibt es gelegentlich Unterschiede: Mal sind die Schritte spanniger, mal gelöster. Mal ist das Tempo flotter, mal eher träge wie beispielsweise an heißen Sommertagen. Doch daneben gibt es noch andere deutliche Zeichen, die man nicht übersehen sollte.

Tempo

Wenn das Pferd wegrennt oder extrem triebig ist, sind das Indizien dafür, dass etwas nicht stimmt. Beim Wegrennen handelt es sich ganz häufig um Störungen im Gleichgewicht. Um die im wahrsten Sinne aufzufangen, entzieht sich das Pferd in die Geschwindigkeit, nicht nur bei physischen Gleichgewichtsstörungen, sondern auch bei psychischen. Fühlen sich Pferde von einer Aufgabe überfordert, können sie ebenfalls mit einem Schnellerwerden reagieren. Der Extremfall ist sicherlich das Durchgehen, wenn das Pferd sich im Tempo gar nicht mehr regulieren lässt, sich am Zügel festbeißt und nur noch rennt. Eine Situation, die meist im Gelände auftritt, dann, wenn auch wirklich Platz zum Flüchten ist, und wo jede Menge Außenreize vorhanden sind, die ein Pferd erschrecken können. Aber es kann auch in der Bahn oder Halle passieren. Zum einen hilft die räumliche Enge dort, das Tempo wieder einzufangen, zum anderen birgt sie aber auch größere Gefahren: beispielsweise das Risiko, dass das Pferd in den Ecken bei hohem Tempo mitsamt dem Reiter stürzt. Außerdem kann im beengten Raum eine an und für sich ungefährliche Flucht nach vorn in ein gefährliches Bocken und Steigen übergehen.

Andere Pferde reagieren auf psychische und physische Probleme, indem sie immer langsamer werden, sich nach innen entziehen. Solche Pferde scheinen gar nicht zuzuhören, mit ihrem eigenen Inneren beschäftigt zu sein und reagieren auch schon am Anbinder kaum auf Außenreize. Bis es so weit kommt, dass ein Pferd in der Bahn oder unter dem Sattel gar nicht mehr gehen mag, hat meist ein längerer Leidensweg stattgefunden, bei dem einfach nicht zugehört wurde. Ersten Antriebsproblemen wurde dann oft mit verstärktem Dauertreiben geantwortet, das das Pferd abgestumpft hat. Ein Teufelskreis, aus dem man nur schwer wieder rauskommt und der viel Kompetenz braucht.

Hier – wie beim Wegrennen auch – gilt es, einen Gesundheits- und Equipment-Check zu machen. Gibt es Rücken-, Muskel-, Gelenk- oder Zahnprobleme? Passen der Sattel und das Gebiss, passt die Trense auch hinter den Ohren, scheuert oder drückt die Satteldecke? Es gibt leider viele Möglichkeiten, die ein harmonisches Reiten stören können, und manchmal kann die Fehlersuche langwierig und kostspielig sein, sollte es dem Besitzer aus Rücksicht auf das Pferd aber wert sein.

Fehlersuche

Wenn ein Pferd sich in seinem Alltag normal und ausreichend bewegt und nur unter dem Sattel zur lahmen Ente wird, dann stimmt etwas nicht. „Einfach nur draufhauen", wie es oft gemacht oder empfohlen wird, löst das Problem nicht, sondern lässt es manchmal erst recht eskalieren. Hier ist ein Experte gefragt, der den Ursachen sensibel auf den Grund gehen kann: Überforderung geistiger oder körperlicher Art, gesundheitliche oder Dominanzprobleme, unpassende Ausrüstung?

Entzieht sich das Pferd den Hilfen durch Flucht nach vorn, ist ein dringender Gesundheits-, Equipment- und Reitstil-Check nötig.

Ganz anders hier: Das Pferd steht auch im Galopp am leichten Zügel an den Hilfen, die Aufmerksamkeit ist ganz bei der Reiterin, die zu Recht Freude ausstrahlt.

Dem Bocken geht meist das Schweif- und Kopfschlagen voraus, bevor das Pferd mit zwei oder vier Beinen in die Luft geht.

Bocken

Das für den Reiter oftmals so unfallträchtige Bocken kann ebenfalls mehrere Gründe haben. Bei jungen Pferden oder solchen, die frisch aus der Box kommen, kann es durchaus aus reinem Übermut und Bewegungsfreude passieren. Es endet meist allerdings nach ein oder zwei Hüpfern. Gern passiert das auch im Gelände beim ersten Galopp, auf dem Stoppelfeld oder in der Gruppe mit anderen. Da hilft nur eins: Hand in die Mähne, Knieschluss, Po entlasten und Lachen.

Viel häufiger ist es allerdings eher ein Zeichen von Schmerzen. Beim Bocken kann das Pferd seine Lendenmuskulatur lockern, die sich bei Schmerzen unangenehm verkrampft. Löst sich das unangenehme Gefühl mit ein, zwei Bocksprüngen nicht, dient das Buckeln auch schlicht dem Zweck, das lästige Übel „da oben" loszuwerden.

Auslöser für Bocksprünge können auch psychische Überforderung oder Unlust sein. Ob diese zum Buckeln führen, hängt vom Temperament des Pferdes ab und davon, wie groß der Leidensdruck ist.

> *Bocksprünge*
> *Ich nehme das äußerst selten vorkommende Buckeln bei meinen Pferden immer sehr ernst, weil mir meine Ponys damit bisher immer körperliche Schmerzen mitgeteilt haben. So kürzlich erst Frechdachs Lasse, der immer gut ohne Sattel zu reiten war und eines Tages plötzlich beim Aufsteigen bockte. Beim ersten Mal interpretierte ich es als eine Frechheit seinerseits, um sich vor der Arbeit zu drücken – wozu er leider neigt. Doch bei genauerem Hinsehen stellten die Chiropraktorin und ich Probleme im Nierenbereich fest – er hatte schlicht Schmerzen.*

Es gibt – vor allem bei den Ponyrassen – Pferde, die auch ohne körperliche Not gelernt haben, sich auf mehr oder weniger elegante Art und Weise dem Reiten zu entziehen: durch Buckeln oder Vollbremsung.

Dabei ist das Auge ruhig, die Ohren sind gespitzt, und auch das Nasenspiel spricht eher für freches Verhalten als für Angst.

Wenn sich ein Pferd, so wie hier, mit Steigen den Reiterhilfen entzieht, ist das ein ernster Grund zur Sorge und bedarf einer gründlichen und schnellen Ursachenforschung.

Steigen

Das imponierende Steigen ist häufig eine gewollte und vielfach auch unter großen Mühen anerzogene Reaktion des Pferdes. Dann, wenn es auf Aufforderung seines Reiters mit den Vorderbeinen mehr oder weniger steil in die Luft geht. Dabei handelt es sich um eine kontrollierte, abrufbare Lektion. Übereifrige Pferde bieten das allerdings dann, wenn sie es einmal gelernt haben, auch gern als kreative Ablenkung und Alternative von für sie anstrengenderen Übungen oder als Übersprungverhalten an.

Viele Pferde versuchen sich durch das Steigen einer Forderung und leider zumeist Schmerzen zu entziehen. Dabei riskieren sie sogar ihr eigenes Leben, denn unkontrolliertes, angstvolles oder aggressives Steigen birgt auch immer die Gefahr, sich nach hinten zu überschlagen und sich das Genick zu brechen. Nicht umsonst weigern sich viele Ausbilder, mit Pferden zu arbeiten, die das Steigen als Verweigerungstechnik gelernt und verinnerlicht haben. Deswegen sollte man bereits erste Ansätze, wie das leichte Abheben mit einem oder beiden Vorderbeinen, sehr ernst nehmen und herausfinden, was die Ursachen dafür sind. Eine Ausnahme beim Thema Steigen bilden sicherlich sehr blütige Hengste, die dieses Verhalten fast schon in ihrem Alltagsrepertoire führen. Aber auch hier ist Vorsicht geboten, damit es regulierbar bleibt.

Ausschlagen

Am häufigsten erlebt man das Ausschlagen unter dem Reiter sicherlich, wenn es sich um Streitereien zwischen zwei sich begegnenden oder nebeneinandergehenden Pferden handelt. Das wird vor allem dann gefährlich, wenn die Tiere etwas versetzt nebeneinanderlaufen und so das Reiterbein zur Zielscheibe wird. Nicht umsonst gilt in der Reitbahn die Regel, eine Pferdelänge Abstand zum Vordermann zu halten. Das hat weniger optische als vielmehr sicherheitstechnische Gründe. Die Pferde signalisieren ihre Aggressionsbereitschaft vor dem Angriff mit deutlich angelegten Ohren und Beißabsichten. Wer da als Reiter nicht bereits regulierend eingreift, hat fast schon selbst Schuld. Wobei der Reiter des schlagenden, angreifenden Pferdes die unbedingte Aufgabe hat, sein Pferd zur Räson zu rufen, indem er es entweder verbal reglementiert und die Aufmerksamkeit über die Stimme wieder auf sich lenkt oder aber es durch gezielt eingesetzte Reiterhilfen, ebenfalls auf sich konzentriet: ein, zwei Schritte Seitwärtsweichen, mehr Beizäumung oder Vorwärtstreiben. Bei einem Pferd, das schon Beiß- oder Schlagbereitschaft zeigt, die Gerte als Reglementierung einzusetzen, halte ich für sehr kontraproduktiv, da als Reaktion zumeist ein noch größerer Aggressionsausbruch des Pferdes folgt.

Aber das Ausschlagen kann auch eine direkte Antwort auf ein treibendes Reiterbein oder einen zu starken Sporeneinsatz sein. Das Pferd signalisiert damit einmal mehr Schmerz, wenn die Reiterwade auf eine völlig verkrampfte Bauchmuskulatur trifft. Häufiger zeigt es allerdings seinen Unwillen. Es versucht sich der gestellten Anforderung nicht passiv zu entziehen, indem es gar nicht reagiert, sondern dem Problem durch Gegenwehr aktiv zu begegnen. Oft geht das Ausschlagen dem Buckeln voraus. Es dient sozusagen als erste Warnung.

Eine gefährliche Situation, die unterschätzt wird. Beide Pferde drohen einander, und der Schimmel legt mit deutlich angelegten Ohren auch noch die Zähne frei. Da ist ein Schlagabtausch eigentlich vorprogrammiert.

Schweifschlagen

Neben den Ohren und der Mimik ist der Schweif das am häufigsten benutzte Ausdrucksmittel, um Unwillen oder Schmerzen zu signalisieren. Vor allem Verspannungen im Rücken und in der Lende zeigen sich am mehr oder weniger hektisch wedelnden Schweif. Bei hohen Lektionen, wie der Piaffe, gehört das Schweifschlagen sicherlich dazu, da sie vom Pferd eine höhere Körperspannung verlangen. Gipfelt es aber in ein Propellerschlagen, bei dem der Schweif regelrecht kreiselt, dann zeigt es neben der physischen mehr noch eine psychische Anspannung. Achten Sie mal darauf, wie stark und häufig Pferde im ganz hohen Dressursport mit ihrem Schweif „propellern". Mit Losgelassenheit hat das nichts zu tun, und der Reiter müsste eigentlich disqualifiziert werden, statt Medaillen zu kassieren, da die Los-

gelassenheit in der Ausbildungsskala gleich an zweiter Stelle nach dem Takt steht!

Bei einem Pferd, das beim Reiten losgelassen mitarbeitet, schwingt der Schweif locker im Takt der entsprechenden Gangart mit. Er ist immer ein Indiz für einen locker schwingenden Rücken und ein mental losgelassenes Pferd.

Für Tierärzte und Osteopathen ist die Stellung des Schweifs immer auch ein Anzeichen für einen Schiefstand im Skelett oder eine ungleich ausgebildete Muskulatur des Pferdes. Viele Tiere tragen ihre Schweifrübe dann deutlich nach links oder rechts gestellt – auch ohne jedweden Reitereinfluss. Ist dem so, sollte man abklären lassen, ob eine Blockade der Grund dafür ist oder ein harmloser angeborener Schweifschiefstand.

Spanntritte und Propellerschweif, das gesamte Pferd der Inbegriff von Anspannung
– wahrlich kein Bild von harmonischer Losgelassenheit. Das Pferd wurde platziert …

Die gleiche Gangart – ein völlig anderes Bild. Entspannter, locker pendelnder Schweif, gelöster
Gesichtsausdruck und ein gut vorgreifendes Pferd, sowohl mit der Vor- als auch mit der Hinterhand.

Kopfschlagen

Das Kopfschlagen kann mehrere Probleme anzeigen. Bereits im Miteinander mit den anderen Herdenkollegen ist das Kopfschlagen ein Ausdruck für Unwilligkeit, was sich auch unter dem Reiter zeigt. Also dann, wenn das Pferd sich überfordert fühlt oder eine Lektion in dem Moment nicht ausführen mag. Das kann in Ausnahmefällen auch mal reine Lustlosigkeit sein.

Viel häufiger ist das Kopfschlagen eine Antwort auf physischen Schmerz. Zum Beispiel durch eine zu harte Reiterhand, wenn die Hilfen zu stark gegeben werden und beim Pferd Schmerzen erzeugen. Es gibt tatsächlich Reiter, die ihren Pferden beim Reiten den Kiefer gebrochen haben ... Manchmal kann auch eine zu wenig rahmende Hand Kopfschlagen erzeugen. Wenn ein junges Pferd die Anlehnung sucht, um sich besser ins Gleichgewicht zu bringen, und nur einen lose baumelnden Zügel (Fachausdruck: springender Zügel) vorfindet, kann es vorkommen, dass es mit dem Kopf schlägt. Der unerfahrene Reiter bezieht das auf den Zügelzug und lässt noch mehr los. Dabei würde eine ruhige, sichere Zügelverbindung dieses Problem lösen. Deshalb gilt: Unerfahrenes Pferd in erfahrene Reiterhand!

Schmerzen durch Zahnwechsel oder Zahn- und Kieferprobleme sind ganz oft die Ursache für Kopfschlagen beim Reiten, ebenso wie unpassende oder schmerzende Gebisse. Jedes Pferd hat unterschiedlich breite Kieferladen und Zungendicken. Man muss sehr genau prüfen, ob das spezielle Gebiss auch wirklich passt, statt es zu verwenden, weil es gerade modern ist. Am besten lässt man es vom Tierarzt kontrollieren.

Kopfschlagen kann aber auch von einem verspannten Rücken, angespannter Halsmuskulatur oder Wirbelproblemen herrühren, da ja alles miteinander in Verbindung steht. Meiner Erfahrung nach geht dem meist eine Versteifung beim Reiten auf einer Seite voraus, die der Reiter wahrnehmen sollte, bevor das Pferd anfängt mit dem Kopf zu schlagen oder noch Schlimmeres.

Angeborene Schiefe

Jedes Pferd hat eine bevorzugte Seite, auf der es sich bewegen mag. Es handelt sich dabei um eine Händigkeit wie bei uns Menschen Rechts- und Linkshänder. Früher dachte man, es käme durch die Lage im Mutterleib. Heute ordnet man das viel eher der Vorliebe zu, mit der die Pferde von Fohlen an grasen, denn dabei ist immer ein Bein nach vorn gestellt und eines nach hinten – meist steht dasselbe vorn. Manchmal reitet aber auch der Mensch erst eine Händigkeit in sein Pferd hinein, da wir sehr stark ausgeprägte Rechts- oder Linkshänder sind und unsere eigene Körperschiefe auch auf das Pferd übertragen können durch permanent schief gegebene Hilfen.

Im Sommer erleben viele Pferdebesitzer immer wieder ein sehr intensives und lästiges Kopfschlagen des Pferdes beim Reiten, das entweder aus einer Überempfindlichkeit gegen Insekten herrührt oder aber eine Art allergische Reaktion sein kann. Als weiterer Auslöser wird eine Überempfindlichkeit gegen Sonneneinwirkung auf Nase und Nüstern vermutet. Dafür gibt es mittlerweile Schutznetze, die man an der Trense befestigen kann. Egal ob Fliegen oder Sonne: Für dermaßen empfindliche Tiere empfiehlt sich in jedem Fall, sie auch beim Reiten mit einer UV-Strahlen absorbierenden Fliegenmaske zu schützen und damit für beide – Pferd und Reiter – eine angenehme Arbeitatmosphäre zu schaffen.

Das Pferd ist mit der Nase auf die Brust gezogen, das Maul eng zugeschnürt. Es hat keine Chance, sich dem Zug auf Zunge und Lade zu entziehen. Das Gesicht ist angespannt, das Auge resigniert. Es versucht durch Kopfschlagen und Nicken aus dieser Notlage herauszukommen.

Das Maul des Reitpferdes

Wenn alle Pferde beim Reiten ihr Maul so bewegen könnten, wie sie wollten, würden erschütternd viele mit weit aufgerissenen Mäulern durch ihr Leben als Reitpferd gehen. Wären da nicht die Sperrhalfter, die eben dies verhindern sollen. So wird das Maul nur so weit wie eben möglich aufgesperrt. Wegen der schmerzhaften Einwirkung des Gebisses wird auch schon mal die Zunge blutig gebissen oder herausgestreckt. Nicht wenigen Pferden werden beim Reiten die Zungen abgequetscht, bis sie blau anlaufen. Wie soll da Losgelassenheit entstehen?

Es erschüttert mich immer wieder, wie unreflektiert so mancher Reiter das Sperrhalfter seines Pferdes bis zum Anschlag zuzieht – zum Teil sogar noch mit Zugverstärkung, wie sie zum Beispiel das schwedische Reithalfter bietet. Wenn das Pferd beim Reiten permanent das Maul aufsperrt, ist es eigentlich an der Zeit, sich zu fragen warum. Ist die Hand zu hart, das Gebiss unpassend oder zu scharf? Ist es mit der Lektion noch überfordert? Kommen die sonstigen Hilfen nicht deutlich genug an, sodass zu viel Gewicht auf der Hand liegt? All das signalisiert das Pferd mit dem Maul – wenn man es denn zulässt.

Nicht umsonst heißt es in allen guten Reitlehren: „Reite dein Pferd von hinten nach vorn." Die Schenkel- und Gewichtshilfen sind also vorrangig vor dem Zügelzug einzusetzen. Die Nase des Pferdes soll nicht einfach auf die Brust gezogen werden, wie man es so oft sieht, sondern durch ein aktiv vortretendes Hinterbein der Rücken zur Mitarbeit befähigt werden. Wenn dann die ruhige Reiterhand als rahmendes Angebot Sicherheit bietet, stößt sich das Pferd leicht an dieser ab und kann durch vermehrte Lastaufnahme mit der Hinterhand leicht im Genick und damit in der Reiterhand werden.

Aber es ist nicht immer die zu harte Reiterhand oder das zu eng verschnallte Reithalfter, die das Pferd im Maul unruhig werden lassen. Gerade viele blütige Pferde kompensieren mit einer extremen Maultätigkeit ihre innere Anspannung. Sie neigen zu übermäßiger Kautätigkeit mit sehr starker Schaumbildung und schlagen zum Teil laut mit den Zähnen aufeinander, um so ihren Stress zu signalisieren. Das muss nicht immer negativer Stress sein, sondern kann sich durchaus auch um Übereifer handeln. Den Unterschied machen einmal mehr die Augen und die Schweifhaltung aus.

Ebenso ist eine angespannte Oberlippe ein Indiz für Anstrengung oder Anspannung. Ein angespanntes Maul kann ein aufmerksamer Reiter in seiner Hand fühlen, da sich die verspannten Gesichtsmuskeln über das Genick auswirken und den Dialog mit dem Pferd steifer, eben „verspannter" machen.

Platzmangel: Das Maul ist mit zwei Nasenriemen zugeschnürt, das Combination Bit bis zum Anschlag angezogen ... Doch das Auge signalisiert das eigentliche Drama ...

So sieht das entspannte Maul eines zufriedenen Reitpferdes aus. Nichts engt ein.
Der Schaum spricht für eine gute Maultätigkeit.

Geräusche –
Zähneknirschen, Stöhnen, Schlauchgeräusche

Es gibt sogar Pferde, die beim Reiten mit den Zähnen knirschen – mit oder ohne Trensengebiss. Losgelassenheit ist etwas anderes. Oft ist das ein Verhaltensmuster, das ritualisiert abgespult wird, weil das Pferd es so verinnerlicht hat. Stellt man bei diesen Pferden die Arbeit um, kann es noch dauern, bis sie auch das Knirschen oder Maulklappern, bei dem das Pferd die Zähne schnell aufeinanderschlägt, einstellen, weil sie die neue, wohltuendere Arbeit erst wirklich verinnerlichen müssen. Viele Pferde grunzen oder stöhnen vor Anstrengung – körperlicher wie auch geistiger. Zum einen kann der Reiter schlicht zu schwer sein oder sie haben mit ihrem eigenen Körper Schwierigkeiten bei einer Lektion. Entweder sind sie noch nicht genug gymnastiziert für diese Lektion oder sie finden sie schlicht anstrengend. Außerdem kann das Stöhnen ein Anzeichen für ernsthafte Schmerzen sein. Die Schlauchgeräusche, die naturgemäß nur bei Wallachen und Hengsten auftreten können, sind ebenfalls ein Zeichen von Anspannung und Stress, da sie in Verbindung mit einer verspannten Bauchmuskulatur auftreten. Inwieweit sie auch ein Anzeichen für Schmerz sein können, ist noch nicht endgültig erforscht.

Abschnauben

Wir müssen uns immer vergegenwärtigen, dass Pferde – genau wie wir Menschen – ihre Anspannung und Entspannung über die Atmung regeln. Verspannte Pferde halten den Atem an, es kommt zur Verspannung in der Bauchmuskulatur. Löst sich die Anspannung, schnauben sie ab oder atmen aus. Deswegen sollte man in der Lösungsphase immer darauf achten, dass das Pferd deutlich abschnaubt, und es dann dafür loben. Es ist ein Zeichen von Loslassen und Vertrauen.

Die richtige Unterstützung finden

Ich könnte jetzt sicherlich alle denkbaren Situationen mit Pferden im Hinblick auf ihre emotionale Bedeutung und Kommunikation abhandeln – doch das ist gar nicht nötig. Im Endeffekt spielen sich immer ähnliche Verhaltensmuster ab. Man muss als Zweibeiner nur bereit sein, sie durch langes und intensives Beobachten erkennen und interpretieren zu lernen, und im Umgang mit Pferden immer aufmerksam und konzentriert die Gesamtsituation im Blick behalten. Wenn es bereits zu „Kommunikationsstörungen" mit dem Pferd gekommen ist, sollte man sich unbedingt kompetente Hilfe zur Seite holen – auch wenn es ein paar Euro kosten mag. Wählen Sie dafür einen Ausbilder, der auch explizit Bodenarbeit mit anbietet und nicht nach der harten Hauruckmethode vorgeht. Ein Blick in den Trainingsstall oder in die Augen seiner/ihrer Pferde sowie ein Eindruck von der dortigen Stimmung erzählen oft mehr als tausend beredte Versprechungen.

Im Umgang mit Pferden muss man konsequent und auch durchsetzungsfreudig sein. Das sind keine Kuscheltiere, und sie werfen auch nicht mit Wattebäuschen um sich. Ich habe schon so manchen deutlichen Körpereinsatz gezeigt, um mich bemerkbar zu machen und mich unmissverständlich auszudrücken. Da zuckt der Laie dann auch mal zusammen. Es geht darum, angemessen zu reagieren. Einem verunsicherten, ängstlichen Pferd nützt keine zur Schau gestellte Dominanz, sondern nur Ruhe und Vertrauen. Bei einem frechen Rüpel brauche ich nicht lange zu warten, wann er denn mal bereit wäre zu weichen, sondern da muss ich viel schneller Druck aufbauen und auch unbedingten Gehorsam sofort verlangen. Das zu unterscheiden, braucht Erfahrung und Kompetenz.

Schauen Sie ruhig auch mal in anderen Disziplinen nach, ob es dort echte Pferdemenschen gibt, denen die Pferde vertrauen. Denn daran erkennt man einen guten Pferdemenschen: Die Pferde werden scheinbar ganz von allein brav, tun das Verlangte quasi mühelos. Alles sieht leicht aus. Das Pferd ist gern mit diesem Menschen zusammen und sucht seine Nähe. Schauen Sie solchen Menschen ganz genau bei ihrem Umgang mit dem Pferd zu. Und öffnen Sie Ihr Herz – es ist viel weiser, als Sie glauben …

Nicht nur die fachliche Kompetenz, sondern auch das funktionierende zwischenmenschliche Miteinander ist bei einem erfolgreichen Training wichtig.

Danksagung

Ein großes Dankeschön an all die Ausbilder, die mit ihrem Herzen und ihrer Kompetenz dabei sind, uns Wissbegierigen die Natur des Pferdes näherzubringen. Die sich die Mühe gemacht haben, ihr Wissen aufzuschreiben und/oder täglich auf windigen Reitplätzen und in Hallen stehen, um direkt am Pferd zu lehren. Sie alle aufzuzählen, würde ein Who's who der Ausbilderszene, und ich war noch nie für Wichtigtuerei – auch nicht in meiner Zeit als Journalistin.

Zwei Namen möchte ich allerdings herausheben, da sie mir nicht nur bei der Entstehung dieses Buches, sondern generell auf meinem Weg mit Pferden mit ihrer großen fachlichen Kompetenz immer zur Seite stehen. Zum einen Gunnar Örn Isleifsson, einem großartigen Pferdemenschen – ob als Ausbilder oder Pferdezahnarzt. Zum anderen meine Reitlehrerin Regina Johannsen, die mich immer wieder lehrt, noch genauer hinzufühlen und hinzusehen, wenn ich mit meinen Pferden arbeite.

Und ein ganz großer Dank natürlich an meine Ponys, die mir täglich neue Einblicke in ihre Welt ermöglichen. Die so viel Geduld mit mir und meinen Schülern haben auf unserem Weg zu verstehenden Pferdemenschen. Ihr seid die Größten! Danke, Andalusier Valeroso, Araber-Mix Laurin, den Fjordis Mali, Eric, Hanne und Sunny, den Koniks Baschka und Grazina, Lewitzer-Mix Tulkas, Hafi-Mix Hansl, „Zwerg-Andalusier" Pretty und ihrer Tochter Pearl, den Shetlandponys Rocky, Stöpsel, Lasse, Jasper, Brownie, Maja, Toni, Fiete, Laika, Picasso, Jimmy und Moses (Fotos auf www.ponyschule.info) – und all den Pferden, auf denen ich reiten lernen durfte und die meine Suche und Inkompetenz erleiden mussten.

Dank auch an Christiane Slawik, ohne deren wundervolle Fotos dieses Buch gar nicht denkbar wäre. Sie befand sich während der heißen Endphase dieses Buches mal wieder auf einer Reise rund um die Welt, um immer neue Pferdebilder zu „erjagen". Auch von ihr auf diesem Weg ein Dank an all die Pferdepersönlichkeiten, die ihr die Seele öffneten.

Literaturhinweise

Schäfer, Michael: Das Jahr des Pferdes. Mürlenbach/Eifel, Kynos Verlag, 1987

Schäfer, Michael: Die Sprache des Pferdes – Lebensweise, Verhalten, Ausdrucksformen. Stuttgart: Franckh-Kosmos Verlag, 1993

Sode, Marie-Luise von der: Was mein Pferd mir sagen will – Pferde besser verstehen. Schwarzenbek: Cadmos Verlag, 1999

Wendt, Marlitt: Wie Pferde fühlen und denken – Verhalten, Emotionen, Intelligenz. Schwarzenbek: Cadmos Verlag, 2009

Wendt, Marlitt: Vertrauen statt Dominanz – Wege zu einer neuen Partnerschaft. Schwarzenbek: Cadmos Verlag, 2010

Weritz, Linda: Das Lernverhalten der Pferde – Über den intelligenten Umgang mit Pferden. Schwarzenbek: Cadmos Verlag, 2005

Weritz, Linda: Gesunder Pferdeverstand für Menschen – Rangordnung, Partnerschaft, Energietransfer. Schwarzenbek: Cadmos Verlag, 2006

Stichwortverzeichnis

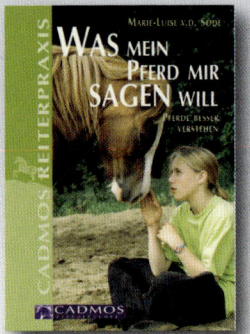

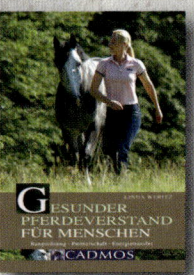